GANGJINGONG JINENG SHIXUN

钢筋工技能实训

胡志翔　陈孟　主编
陈翰　林海燕　郑艳丹　副主编

U0254371

化学工业出版社
·北京·

内容简介

本书基于1+X证书制度，将建筑工程施工专业课程体系与国家钢筋工职业技能等级标准进行课证融合而编写。本书共分四章：职业道德与职业能力、钢筋工基础知识、钢筋工专业知识、钢筋工技能实训，附录包括理论评价标准习题库及答案、职业技能等级考核指导等内容。本书实现理实一体，遵循以地方性与行业性、技术技能性、市场导向性三个方面为导向，以职业活动、职业能力、职业素养为中心，依据《钢筋工国家职业技能等级证书考核标准》（2019版），做到实训任务遵循阶段式、循序渐进、模块化的设计，实现交底在前，注重过程指导、成果评价，后有总结和反思，从而达到技能培养目标。

本书可以作为中等职业学校或高等职业技术院校土建施工类的实训教材，也可以作为钢筋工技能培训教材，还可作为钢筋工等相关人员的参考书。

图书在版编目（CIP）数据

钢筋工技能实训/胡志翔，陈孟主编；陈翰，林海燕，
郑艳丹副主编. —北京：化学工业出版社，2023.3
ISBN 978-7-122-42662-8

Ⅰ．①钢… Ⅱ．①胡…②陈…③陈…④林…⑤郑…
Ⅲ．①配筋工程-技术培训-教材 Ⅳ．①TU755.3

中国版本图书馆CIP数据核字（2022）第245152号

责任编辑：徐 娟　　　　　　　　　　文字编辑：徐照阳　王 硕
责任校对：宋 玮　　　　　　　　　　装帧设计：王晓宇

出版发行：化学工业出版社（北京市东城区青年湖南街13号　邮政编码100011）
印　　装：河北鑫兆源印刷有限公司
787mm×1092mm　1/16　印张11　字数265千字　2023年4月北京第1版第1次印刷

购书咨询：010-64518888　　　　　　　售后服务：010-64518899
网　　址：http://www.cip.com.cn
凡购买本书，如有缺损质量问题，本社销售中心负责调换。

定　　价：49.00元　　　　　　　　　　　　　　　　版权所有　违者必究

前　言

2021 年 5 月 8 日，住房和城乡建设部办公厅印发的《关于开展施工现场技能工人配备标准制定工作的通知》提出到 2035 年，力争实现在建项目施工现场中级工占技能工人比例达到 30%、高级工及以上等级技能工人占技能工人比例达到 10%，建立施工现场所有工种技能工人配备体系。

本书以实训为主，理实结合，注重教育实效，把劳动教育纳入人才培养全过程、积极探索"实训＋劳动"教育模式，全面构建以学校为主导、家庭为基础、社会为依托的开放协同的新时代劳动教育体系，大力传承弘扬劳模精神、劳动精神、工匠精神，引导学生树立正确的劳动观念、养成良好的劳动习惯、培养必要的劳动能力、发展基本的劳动思维、塑造优秀的劳动品质，全面提高学生劳动素养，促进学生全面发展、健康成长。

本书是浙江省教育科学规划 2021 年度重点课题《基于"1+X"证书制度下中职教育"课证融合"改革的研究》（编号 2021SB088）主要成果之一。本书基于 1+X 证书制度，把建筑工程施工专业体系与钢筋工职业技能等级标准进行课证融合，实现理论、样板、模型、演示、模块实操训练、综合实训相结合，形成钢筋工程课证融合。

本书可以作为中等职业学校或高等职业技术学院土建施工类学生的工种实训教材，也可以作为社会钢筋工技能培训教材。本书的特点是把"岗赛课证"结合，促进三教改革，注重结合专业人才培养，依托实训，参与真实的生产劳动，使学生增强职业认同感和劳动自豪感，培育学生精益求精的工匠精神和爱岗敬业的劳动态度。

本书由胡志翔、陈孟主编，陈翰、林海燕、郑艳丹副主编。各章编写人员如下：第 1 章、附录 2 由温州市城乡建设职工中等专业学校郑艳丹（高级工程师）、浙江兴业市政工程有限公司副总经理贺刚（正高级工程师）编写；第 2 章、附录 3、附录4由温州市城乡建设职工中等专业学校林海燕（高级工程师）、陈翰（高级讲师）编写；第3章、第4章由温州市城乡建设职工中等专业学校陈孟（高级工程师）、胡志翔（高级工程师）编写；附录1由温州市城乡建设职工中等专业学校余去非（高级讲师）、项征（助理讲师）编写；本书电子课件等相关资源由温州市城乡建设职工中等专业学校严黎艳（高级工程师）、胡梦娇（讲师）、谢静文（助理工程师）整理与制作。陈孟、胡志翔负责全书的修订、统稿工作。校外专家贺刚（浙江兴业市政工程有限公司副总经理、正高级工程师）、胡正华（温州市建筑业联合会会长、正高级工程师）、秦航莹（江楠建筑产业工人孵化基地总经理、工程师）对本书提出了许多宝贵的意见，在此一并表示感谢。

限于编者水平，书中难免有疏漏之处，欢迎读者提出批评意见和修改建议。

编者

2022年7月

目 录

第 **1** 章

职业道德和职业能力

教学目标

知识 目标	掌握职业、职业资格与职称的基本知识，掌握职业道德基本要求，掌握职业规划制定。
技能 目标	能对职业有比较清晰认识；具备基本职业道德；对人生职业规划有明确目标，具备制定并实现人生职业规划的能力。
思政 目标	爱岗敬业、持之以恒。 爱岗敬业、持之以恒是工匠精神的本质。工匠以专业的视角、专注的工作态度服从于自己的职业要求，时刻保持对专业领域的高度热情，并积极关注行业的发展趋势，刻苦钻研、不断进步。爱岗敬业、持之以恒意味着干一行、爱一行，爱一行、专一行；意味着对一件事情要倾尽心血并耐心等待；意味着对一件事情有着十年如一日的执着；意味着对创造完美的坚持。

1.1 职业、职业资格与职称

1.1.1 职业的含义与特征

（1）职业的含义

职业，根据中国职业规划师协会的定义，是性质相近的工作的总称，通常指个人服务社会并作为主要生活来源的工作。一般认为职业是指参与社会分工，用专业的技能和知识创造物质或精神财富，获取合理报酬，丰富社会物质或精神生活的一项工作。

（2）职业的特征

① 职业的社会属性。职业是人类在劳动过程中的分工现象，它体现的是劳动力与劳动资料之间的结合关系，其实也体现出劳动者之间的关系，劳动产品的交换体现的是不同职业之间的劳动交换关系。例如，教师教书育人、科学家搞科研、农民种地提供粮食果菜、建筑从业人员建造合格的建筑产品等，都是社会劳动，分属不同的职业。同时，从事不同

职业的人充当了不同的社会角色，承担不同的社会职能，他们的文化水平、经济状况、个人素养、行为方式可能不同，但职业是平等的。

② 职业的规范性。职业的规范性应该包含两层含义：一是指职业内部的操作规范性，二是指职业道德的规范性。不同的职业在其劳动过程中都有一定的操作规范性，这是保证职业活动的专业性要求。当不同职业在对外展现其服务时，还存在一个伦理范畴的规范性，即职业道德。这两种规范性构成了职业规范的内涵与外延。

③ 职业的经济性。职业的经济性是指职业作为人们赖以谋生的劳动过程中具有逐利性的一面。职业活动既要满足职业者自己的需要，同时也要满足社会的需要，只有把职业的个人利益与社会利益结合起来，职业活动及职业生涯才具有生命力和意义。社会上不同行业的人都以自己的专业特长来服务社会，从而获取劳动报酬，来满足自己的生活需求，提高家庭生活质量。学生在校学习专业知识，也是为将来适应社会工作、获得经济效益做准备。

④ 职业的技术性。职业的技术性是指不同的职业有不同的职业标准和技术要求。从业者在从事一项职业之前，都需要经过专门的职业学习和培训，并有针对性地进行训练，才能胜任。随着社会的不断发展，社会分工越来越细，对从业者的要求也越来越高，尤其对于学生来说，以后就业想找到合适并满意的职业，需要在校努力学习专业知识，多参加学生组织，从各方面提升自己的能力，将来为社会创造更高的价值，从而满足自己的需求，实现人生价值。

⑤ 职业的时代性。随着社会的发展、科技的更新和时代的进步，人们需求也在不断转变。有的职业会消失，而有的职业却应运而生。比如随着计算机技术的发展，支付宝、微信钱包等第三方电子支付行业产生，扫码付费逐渐普及，很多与支付相关的工作被替代，所需人数急剧减少。而电子信息、生物、新能源、新医药、新媒体、节能环保等相关行业却迅猛发展，前途广阔。职业有一定的稳定性，也有其发展性，个人在职业生涯中需要不断学习，国家也倡导全民终身学习，以适应社会的发展和职业的发展。

1.1.2　职业的分类

根据中国职业规划师协会的定义：职业＝职能×行业。职业包含十个方向（生产、加工、制造、服务、娱乐、政治、科研、教育、农业、管理）。细化分类有90多个常见职业，如工人、农民、个体商人、军人等。

第一产业：粮农、菜农、棉农、果农、瓜农、猪农、豆农、茶农、牧民、渔民、猎人等。

第二产业：瓦工、装配工、注塑工、折弯工、压铆工、投料工、物流运输工、普通操作工、喷涂工、力工、搬运工、缝纫工、司机、木工、电工、修理工、普工机员、屠宰工、清洁工、杂工等。企业制造多用蓝领来表示。

第三产业：公共服务业（大型或公办教育业、政治文化业、大型或公办医疗业、管理业、公办金融业、公办咨询收费业、大型粮棉油集中购销业、科研教育培训业、公共客运业、通信邮政业、通信客服业、出版发行业、公办旅游文化业、家政服务业等）；个体商人／个体服务业／坐商（盲人中医按摩业、个体药店、个体外卖、个体网吧、售卖商业、流动商贩、个体餐饮业、旅游住宿业、影视娱乐业、维修理发美容服务性行业、个体加工业、个体文印部、个体洗浴业、回收租赁业、流

《中华人民共和国职业分类大典》（2022年版社会公示稿）

动副业等）；综合服务业（房地产开发等）。

1.1.3 职业资格

（1）职业资格的含义

职业资格是对从事某一职业所必备的学识、技术和能力的基本要求，包括从业资格和执业资格。

从业资格是指从事某一专业（工种）学识、技术和能力的起点标准，是政府规定专业技术人员从事某种专业技术性工作时必须具备的资格。从业资格通过学历认定或考试取得。比如建筑施工行业要求建筑工人持证上岗，其特种操作技能等级证书，就是建筑工人从事特种作业的必备证书。

执业资格是指政府对某些责任较大，社会通用性强，关系公共利益的专业（工种）实行准入控制，是依法独立开业或从事某一特定专业（工种）学识、技术和能力的必备标准。职业资格分别由国务院劳动、人事行政部门通过学历认定、资格考试、专家评定、职业技能鉴定等方式进行评价，对合格者授予国家职业资格证书。执业资格通过考试方法取得。比如建筑行业的建造师、造价师、建筑师等要通过相关考试才能取得。

（2）职业资格证书

① 职业资格证书制度。开展职业技能鉴定，推行职业资格证书制度，是落实党中央、国务院提出的"科教兴国"战略的重要举措，也是我国人力资源开发的一项战略措施。它对于提高劳动者素质，促进劳动力市场的建设以及深化企业改革，促进经济发展都具有重要意义。

《中华人民共和国劳动法》第八章第六十九条规定："国家确定职业分类，对规定的职业制定职业技能标准，实行职业资格证书制度，由经备案的考核鉴定机构负责对劳动者实施职业技能考核鉴定。"《中华人民共和国职业教育法》第一章第十一条明确指出："实施职业教育应当根据经济社会发展需要，结合职业分类、职业标准、职业发展需求，制定教育标准或者培训方案，实行学历证书及其他学业证书、培训证书、职业资格证书和职业技能等级证书制度。"这些法律条款确定了国家推行职业资格证书制度和开展职业技能鉴定的法律依据。职业资格证书制度是劳动就业制度的一项重要内容，也是一种特殊形式的国家考试制度。主要内容是指按照国家制定的职业技能标准或任职资格条件，通过政府认定的考核鉴定机构，对劳动者的技能水平或职业资格进行客观公正、科学规范的评价和鉴定，对合格者授予相应的国家职业资格证书的政策规定和实施办法。

② 职业资格证书的含义和作用。职业资格证书是劳动者具有从事某一职业所必备的学识和技能的证明。职业资格证书包括从业资格证书和执业资格证书。

职业资格证书是劳动者求职、任职、开业的资格凭证，是用人单位招聘、录用劳动者的主要依据，也是境外就业、对外劳务合作人员办理技能水平公证的有效证件。

③ 职业资格证书和学历证书。我国实行双证制，学历证书和职业资格证书都是求职人员的就业凭证。职业资格是对从事某一职业所必备的学识、技术和能力的基本要求，反映了劳动者为适应职业劳动需要而运用特定的知识、技术和技能的能力。学历文凭主要反映学生学习的经历，是文化理论知识水平的证明。职业资格与职业劳动的具体要求密切结合，

更直接、更准确地反映了特定职业的实际工作标准和操作规范，以及劳动者从事该职业所达到的实际工作能力水平。与国家政策相适应，我国职业学校毕业的学生也实行双证制，在学生毕业之前，需要和职业学习融合，考取相应专业的职业资格证书。国家职业资格等级分为初级（五级）、中级（四级）、高级（三级）、技师（二级）、高级技师（一级）共五个等级。

④ 职业技能鉴定。职业技能鉴定是一项基于职业技能水平的考核活动，属于标准参照型考试。它是由考试考核机构对劳动者从事某种职业所应掌握的技术理论知识和实际操作能力做出客观的测量和评价。职业技能鉴定是国家职业资格证书制度的重要组成部分。

职业技能鉴定分为知识要求考试和操作技能考核两部分。内容是依据国家职业（技能）标准、职业技能鉴定规范（即考试大纲）和相应教材来确定的，并通过编制试卷来进行鉴定考核。例如建筑类钢筋工技能鉴定方式有理论知识考试、技能考核和综合评审，均实行百分制，成绩皆达 60 分（含）以上者为合格。职业标准中标注"★"的为涉及安全生产或操作的关键技能，如考生在技能考核中违反操作规程或未达到该技能要求，则技能考核成绩为不合格。

国家职业资格目录（2021年版）

国家职业资格目录（2021 年版）与建筑类相关的职业资格名称详见表 1-1、表 1-2。

表 1-1　专业技术人员职业资格

（共计 59 项，其中准入类 33 项，水平评价类 26 项，建筑类相关 8 项）

序号	职业资格名称	实施部门（单位）	资格类别	设定依据
1	建筑师	全国注册建筑师管理委员会及省级注册建筑师管理委员会	准入类	《中华人民共和国建筑法》《中华人民共和国注册建筑师条例》《建设工程勘察设计管理条例》《关于建立注册建筑师制度及有关工作的通知》（建设〔1994〕第 598 号）
2	监理工程师	住房和城乡建设部、交通运输部、水利部、人力资源和社会保障部	准入类	《中华人民共和国建筑法》《建设工程质量管理条例》《监理工程师职业资格制度规定》（建人规〔2020〕3 号）《注册监理工程师管理规定》（建设部令 2006 年第 147 号，根据住房和城乡建设部令 2016 年第 32 号修订）《公路水运工程监理企业资质管理规定》（交通运输部令 2019 年第 37 号）《水利工程建设监理规定》（水利部令 2006 年第 28 号，根据水利部令 2017 年第 49 号修订）
3	房地产估价师	住房和城乡建设部、自然资源部	准入类	《中华人民共和国城市房地产管理法》
4	造价工程师	住房和城乡建设部、交通运输部、水利部、人力资源和社会保障部	准入类	《中华人民共和国建筑法》《造价工程师职业资格制度规定》（建人〔2018〕67 号）《注册造价工程师管理办法》（建设部令 2006 年第 150 号，根据住房和城乡建设部令 2016 年第 32 号、2020 年第 50 号修订）
5	建造师	住房和城乡建设部、人力资源和社会保障部	准入类	《中华人民共和国建筑法》《注册建造师管理规定》（建设部令 2006 年第 153 号，根据住房和城乡建设部令 2016 年第 32 号修订）《建造师执业资格制度暂行规定》（人发〔2002〕111 号）
6	注册结构工程师	住房和城乡建设部、人力资源和社会保障部	准入类	《中华人民共和国建筑法》《建设工程勘察设计管理条例》《勘察设计注册工程师管理规定》（建设部令 2005 年第 137 号，根据住房和城乡建设部令 2016 年第 32 号修订）、《注册结构工程师执业资格制度暂行规定》（建设〔1997〕222 号）

序号	职业资格名称	实施部门（单位）	资格类别	设定依据
7	注册土木工程师	住房和城乡建设部、交通运输部、水利部、人力资源和社会保障部	准入类	《中华人民共和国建筑法》《建设工程勘察设计管理条例》《勘察设计注册工程师管理规定》（建设部令 2005 年第 137 号，根据住房和城乡建设部令 2016 年第 32 号修订）《注册土木工程师（岩土）执业资格制度暂行规定》（人发〔2002〕35 号）《注册土木工程师（水利水电工程）制度暂行规定》（国人部发〔2005〕58 号）《注册土木工程师（港口与航道工程）执业资格制度暂行规定》（人发〔2003〕27 号）《勘察设计注册土木工程师（道路工程）制度暂行规定》（国人部发〔2007〕18 号）
8	注册电气工程师	住房和城乡建设部、人力资源和社会保障部	准入类	《中华人民共和国建筑法》《建设工程勘察设计管理条例》《勘察设计注册工程师管理规定》（建设部令 2005 年第 137 号，根据住房和城乡建设部令 2016 年第 32 号修订）《注册电气工程师执业资格制度暂行规定》（人发〔2003〕25 号）

表1-2　技能人员职业资格

（共计 13 项，建筑类 1 项）

序号	职业资格名称	实施部门（单位）	资格类别	设定依据
1	建筑施工特种作业人员	住房和城乡建设主管部门及相关机构	准入类	《中华人民共和国安全生产法》《中华人民共和国特种设备安全法》《建设工程安全生产管理条例》《特种设备安全监察条例》《安全生产许可证条例》《建筑起重机械安全监督管理规定》（建设部令 2008 年第 166 号）

1.1.4　职称

职称是指专业技术人员的专业技术水平、能力以及成就的等级称号，是反映专业技术人员的技术水平、工作能力的标志。

职称的取得可通过包括认定、评审、国家统一考试（以考代评）、职业资格对应等方式。2019 年《职称评审管理暂行规定》出台，明确职称评审是按照评审标准和程序，对专业技术人才品德、能力、业绩的评议和认定。

（1）职称认定

全日制大中专毕业生和成人教育毕业生，在本专业或相近专业技术岗位上工作一定年限，经考核合格，可按社保缴纳属地原则，向各级人力资源和社会保障部门申请初定相应中、初级职称。事业单位需在有岗位空缺，并通过竞聘形式产生推荐人选的基础上进行申报。中初级专业技术资格实行全国或全省统一考试的专业不再进行相应的职称评审和初定；相关专业中初级职称已实行用人单位自主评聘的也不再受理初定申请。

建筑工程系列职称认定学历和资质要求按表 1-3 条件进行申报。

表1-3　建筑工程系列职称认定、评审学历与资质要求

职称	职称认定	职称评审
技术员	中专毕业从事专业工作满 1 年的	（1）中专学历从事建设工程相关专业技术工作 3 年以上 （2）高中学历从事建设工程相关专业技术工作 6 年以上 （3）初中学历从事建设工程相关专业技术工作 10 年以上

职称	职称认定	职称评审
助理	（1）大学专科毕业后，从事专业工作满 3 年的 （2）大学本科毕业后，从事专业工作满 1 年的 （3）取得第二学士学位或研究生班毕业的	（1）大专以上学历从事建设工程相关专业技术工作 4 年以上 （2）中专学历从事建设工程相关专业技术工作 5 年以上 （3）高中学历从事建设工程相关专业技术工作 10 年以上 （4）初中学历从事建设工程相关专业技术工作 15 年以上 （5）担任技术员职务 4 年以上
中级	（1）具有研究生学历或硕士学位，从事专业工作满 3 年（学历或学位取得前后从事本专业或相近专业的工作年限可以相加，但学历或学位取得后从事专业工作需满 1 年） （2）博士学位获得的	（1）具有本专业或相近研究生学历（硕士学位）专业，取得助理工程师资格后，实际聘任助理工程师职务 2 年以上 （2）具有本专业或相近大学专科以上学历毕业，取得助理工程师资格后，实际聘任助理工程师职务 4 年以上
高级	（1）博士后流动站、工作站出站人员，在站期间圆满完成研究课题，取得科研成果的 （2）钱江技能大奖获得者、国家级技能大师工作室领办人、世界技能大赛银牌铜牌获得者、省"百千万"高技能领军人才培养工程中入选"杰出技能人才"的人员，可直接申报高级工程师，其所从事的防水工、砌筑工、混凝土工、钢筋工、架子工等建设行业职业（工种）应与建设工程相关专业对应进行申报	（1）具有本专业或相近专业大学本科学历、研究生学历（硕士学位），取得工程师职务任职资格后，实际聘任工程师职务 5 年以上 （2）具有本专业或相近专业博士学位，取得工程师职务任 职资格后，实际聘任工程师职务 2 年以上
正高级		（1）取得高级工程师资格后，实际聘任高级工程师职务 5 年以上 （2）实际聘任高级工程师职务后取得一项以上标志性业绩，或实际聘任工程师职务后取得二项以上标志性业绩，标志性业绩包括①设区市（厅）级科技成果一等奖或省（部）级科技成果二等奖的获奖人员（排名前 5），省（部）级科技成果一等奖或国家级科技成果二等奖以上的额定获奖人员，同一成果多次获奖，按最高等级算；②全国优秀工程勘察设计奖金质奖和银质奖、工程勘察、建筑设计行业和市政公用工程优秀勘察设计一等奖和二等奖的主要获奖人员；中国建设工程鲁班奖（国家优质工程）、中国土木工程詹天佑奖的主要获奖人员

注：本表条件参照浙江省标准。

初定申请，浙江省做法如下。使用"浙江省专业技术职务任职资格申报与评审管理服务系统"进行申报，申报个人和用人单位注册后，选择"大中专毕业生职称初定"栏目并按要求提交相关材料（聘用合同或劳动合同、年度考核表等，要计算外地工作经历的还需提供在外地缴纳的社保证明）后，再按社保缴纳属地原则和职称管理权限逐级申请。初级职称由县级人力资源和社会保障局审批，中级职称由市人力资源和社会保障局审批。

（2）职称评审

职称评审是指已经经过初次职称认定的专业技术人员，在经过一定工作年限后，在任职期内完成相应的继续教育学时，申报中级职称以上的人员必须在专业期刊发表论文并且经过一些基本技能考试（如称职外语及计算机应用能力考试等），向本专业的评审委员会评委提交评审材料，经过本专业的专业评委来确定其是否具备高一级职称资格。例如建筑工程系列职称晋升工作年限要求，详见表 1-3。

（3）以考代评

"以考代评"是指在全国已实施相应级别专业技术资格统一考试实行以考代评的系列（卫生、会计、审计、统计、经济、计算机软件、翻译、出版、土建），不再进行相应系列

（专业）和级别的专业技术职务任职资格的认定、评审工作，相关专业技术人员一律参加考试获得相应专业技术资格。

1.1.5　职业定向与选择

职业定向与选择是指个人对于自己就业的种类、方向的挑选和确定。它是人们真正进入社会生活领域的重要行为，是人生的关键环节，需要认真对待。

通过职业定向与选择，找准个人和社会岗位的最佳结合点，有利于取得经济利益、社会效益等多方面共赢，促进个人的全面发展和人生价值最大化。

职业选择没有高低贵贱之分，打扫卫生的不比公务员低级，工地的工人不比办公室的白领低等，职业上是平等的，只是分工不同，要树立正确的职业观。

影响个人职业定向选择的因素主要有客观因素和个人因素。

（1）客观因素

客观因素包括科技发展和社会需求、行业发展、职业评价、经济效益、学校和家庭影响等，是除了个人因素以外的所有因素的总和，是影响个人职业选择的外部因素。

十几年前，大家择业时还是选择一些传统的职业，如教师、医生、警察或国企等企事业单位工作人员。随着科技发展，一些新的职业应运而生，如软件开发工程师、精算师、环境工程师、个人理财师、品酒师、心理咨询师、电影试片员等，社会有需求，就有新的职业不断产生。人们的择业度越来越宽广，可以按自己的兴趣择业，同时也能解决社会的需求。

① 社会的职业需求。社会的职业种类、岗位数量、供求情况都体现着社会对职业的需求，影响人们职业的定向和选择。年轻人在选择学校专业和择业时要多了解国家政策、行业发展、职业前景、经济发展形势，了解当地的经济和需求，结合自己的自身条件和兴趣爱好去进行职业的定向与选择。

另外，对于学生，假期多融入社会，多参加社会实践，在校期间有机会参加见习、实习时要认真投入体验，多了解企业信息和对员工及职业的要求，有助于自己有效、及时地做出职业选择。

② 社会的职业评价。社会上对各种职业持有倾向性的态度，职业在社会上的地位、声望、收益、贡献等都体现社会对职业的评价。这种评价影响着人们对职业的选择和定向。像公务员、教师、医生、律师等职业，待遇良好、受人尊敬，是很多人择业的方向。还有像财会、室内设计、新媒体、计算机等行业，社会需求量大，好就业，也是很多人择业的方向。另外，社会舆论和媒体宣传也在一定程度上起到职业风向标的作用，影响个人的职业选择。

③ 经济效益。工作也是为了更好地生活，所以在择业中考虑经济效益也是正常的。在其他条件差不多的情况下，收入高低、待遇如何也成为人们择业时优先考虑的因素。

④ 学校教育和家庭教育。孩子的很多认知和素养的形成都来自受教育时期，学校的教学特色、教育导向，学生的职业规划，教师的行为方式、个人魅力等都会对学生的择业有深远的影响。特别是职业学校，它是按照专业来培养学生适应职业发展的要求，对学生的职业选择影响更大。而家庭中，父母是孩子的第一任老师，孩子对父母有一种天生的信任

感。父母对职业的认知、偏好、价值观会在很大程度上影响孩子的择业观。还有就是家族成员或世交好友的成功经历，也会成为大家追随的对象。

除了以上影响因素，人们的择业还受到很多其他因素的影响，比如某些公共事件的发生、社会的时尚、环境的影响等。作为学生或从业人员，应当正确对待各种因素的影响，增强自己的理性认知，防止盲目从众、攀比、自卑等心态，以客观、积极、平和的状态来面对择业。

（2）个人因素

个人因素包括使命愿景、兴趣、能力、个性、职业价值观等，是与人的自我意识、认知和个体特性相关的因素，是影响人的择业和定向的主观因素，在择业中起着最主要的作用。

① 使命愿景。使命就是生而为人的目的，是每个人必须要做的事情，是每个人内心深处最深层的渴望，也可以说是立志。愿景就是使命实现以后所呈现的景象或画面、蓝图。使命和愿景非常重要，人生中的重要选择都受使命和愿景的影响。择业也是如此。比如：有的人从小看到生老病死很是痛苦，立志要救死扶伤或攻克疾病、探索生命的奥秘，他择业就有可能成为医生或生命科学家；有的人喜欢陪伴孩子，启发智慧，他择业就有可能是老师或学者；而有的人天生就有一副好嗓子或有表演天赋，那他将来可能成为音乐人或演艺工作者；有的人喜欢烹饪、做美食给大家品尝，将来可能成为厨师或美食家等等。总之，只要我们自己清楚想要的是什么，将来想成为怎样的人，为社会做出怎样的贡献，就能清楚选择自己将来的职业。使命愿景、理想信念、道德情操和国家民族大义相联系，就构成思想道德品质。思想道德品质是一个人行为的总方针、大方向，在个人职业定向与选择过程中起着重要的作用。它指引着人们职业活动的方向，决定着一个人职业生涯的总方向，也是人们从事各种职业活动的力量源泉和精神动力。

因此，职业技术院校的学生在校期间应自觉加强思想道德的学习，坚定中国特色社会主义理想信念，树立科学的世界观、人生观、价值观、道德观和法制观，自觉地把自己的人生追求、职业理想同国家的前途命运结合起来，顺应社会历史发展方向，选择有利于实现中华民族伟大复兴的职业，发挥自己的才能，实现自己的价值。

② 职业价值观。价值是事情的意义和一个人能在事情里得到的好处。价值是做与不做任何事情的原因。价值观是人们认为什么是重要的观点。职业价值观是人们在认识、评价职业价值时所持的观点。它是一个人的人生目标和人生态度在职业选择方面的具体表现，也就是一个人对职业的态度倾向以及他对职业目标的追求和向往。

人们对职业的认识、观点、评价、向往等体现在很多方面，概括起来有三大类：a. 职业的环境和经济利益方面，如职业稳定且收入高、福利待遇好、工作单位地理位置好、工作环境优雅等；b. 职业促进个人成长和发展方面，如职业岗位能符合兴趣爱好、能发挥个人的才能、能提供培训的机会、能学以致用等；c. 职业的精神需求方面，如职业有较高的社会地位、职业的特殊性、级别高、知名度高等，能受到他人或组织的赞扬、尊重和肯定等。

职业价值观是一个复杂的多维度的心理因素，人们对职业的衡量、定向与选择有多种要素参与，但各要素起的作用是不同的，总有一些要素是占主要地位的。不管自身和外界发生什么变化，在确定职业方向和选择职业岗位时都不会放弃的重要方面，也是人们在进行职业定向与选择时所围绕的中心，称为职业锚，它在职业定向与选择中起主要的作用。

职业锚

锚是使船只停泊定位用的铁制器具（图1-1）。职业锚，也称职业系留点，实际上就是人们选择和发展自己的职业时所围绕的中心，是指当一个人不得不做出选择的时候，他无论如何都不会放弃的职业中的那种至关重要的东西或价值观。职业锚这一概念由美国麻省理工学院的埃德加·H.施恩（Edgar H. Schein）教授提出，他根据自己对麻省理工学院毕业生的研究，提出了五种类型的职业锚，后经扩展为八种，具体见表1-4。

图1-1 锚

表1-4 职业锚类型及表现特征

类型	表 现 特 征
技术/职能型	追求在技术/职能领域的成长和技能的不断提高，以及应用这种技术/职能的机会。他们对自己的认可来自他们的专业水平，他们喜欢面对来自专业领域的挑战。他们一般不喜欢从事一般的管理工作，因为这将意味着他们放弃在技术/职能领域的成就
管理型	追求并致力于工作晋升，倾心于全面管理，独自负责一个部分，可以跨部门整合其他人的努力成果，他们想去承担整个部分的责任，并将公司的成功与否看成自己的工作。具体的技术/功能工作仅仅被看作是通向更高、更全面管理层的必经之路
自主/独立型	希望随心所欲安排自己的工作方式、工作习惯和生活方式。追求能施展个人能力的工作环境，最大限度地摆脱组织的限制和制约。他们宁愿放弃提升或工作扩展机会，也不愿意放弃自由与独立的工作方式
安全/稳定型	追求工作中的安全与稳定感。他们可以预测将来的成功从而感到放松。他们关心财务安全，例如退休金和退休计划。稳定感包括诚信、忠诚以及完成老板交代的工作。尽管有时他们可以达到一个高的职位，但他们并不太关心具体的职位和工作内容
创业型	创业型的人希望使用自己能力去创建属于自己的公司或创建完全属于自己的产品（或服务），而且愿意去冒风险，并克服面临的障碍。他们想向世界证明公司是他们靠自己的能力创建的。他们可能正在别人的公司工作，但同时他们在学习并评估将来的机会。一旦他们感觉时机到了，他们便会自己走出去创建自己的事业
服务型	一直追求他们认可的核心价值，例如：帮助他人，通过新的产品消除疾病。他们一直寻求这种机会，这意味着即使变换公司，他们也不会接受不允许他们实现这种价值的工作变换或工作提升
挑战型	喜欢解决看上去无法解决的问题，战胜强大的对手，克服无法克服的困难障碍等。对他们而言，参加工作或职业的原因是工作允许他们去战胜各种不可能。新奇、变化和克服困难是他们的终极目标。如果遇到非常容易的事情，这种人会变得非常不耐烦
生活型	喜欢允许他们平衡并结合个人的需要、家庭的需要和职业的需要的工作环境。他们希望将生活的各个主要方面整合为一个整体。正因为如此，他们需要一个能够提供足够的弹性让他们实现这一目标的职业环境，甚至可以牺牲他们职业的一些方面，如提升带来的职业转换。他们将成功定义得比职业成功更广泛，他们认为自己如何去生活，在哪里居住，如何处理家庭、事业，以及在组织中的发展道路是与众不同的

③ 兴趣。兴趣指兴致，是对事物喜好或关切的情绪。在心理学上，兴趣是指人们力求认识某种事物和从事某项活动的心理倾向。它表现为人们对某件事物、某项活动的选择性态度和积极的情绪反应，是一个人喜欢做什么的表现。兴趣在职业定向与选择时起着举足轻重的作用。兴趣是最好的老师，人们一般先从个人的兴趣出发选择自己喜欢的职业，逐步由对某一职业感到有趣发展到对从事这一职业感受到乐趣，进而将这个职业的工作与自己的奋斗目标相结合，就形成了志趣，表现出职业的倾向性和积极性，确立从事某种职业的理想，并为实现理想而奋斗。

一个人只有从事自己喜欢的、感兴趣的职业，才能够从职业活动中获得愉悦感、满足感。人对职业的兴趣可以调动人的全部精力投入到工作中，长时间保持较高的工作积极性，从而提高工作效率，而且不感到疲倦。有数据显示：一个人如果从事感兴趣的工作，能发挥其全部才能的80%～90%；相反，若从事不感兴趣的职业，则只能发挥其全部才能的20%～30%。因此，我们确定职业方向、选择职业岗位首要的出发点应该是自己的兴趣。但兴趣并不是职业定向与选择的唯一因素，不能仅凭兴趣定向职业、选择职业。对某种职业感兴趣并不意味着具有这方面的职业能力。

兴趣是以先天的生理条件为基础，在后天的专业学习和社会实践活动中逐渐培养形成的。学生应根据自己所学的专业、根据时代和社会的需求，积极地培养发展自己的职业兴趣，努力使自己的职业兴趣与所学专业以及相关的职业要求相一致。

美国约翰·霍普金斯大学心理学教授、著名的职业指导专家约翰·霍兰德（John Holland）于1959年提出了具有广泛社会影响的六型职业兴趣理论，对我们做好职业选择具有一定的指导和帮助。兴趣类型特征与职业对应关系见表1-5。

表1-5　兴趣类型特征与职业对应关系

类型	特　征	典　型　职　业
社会型	喜欢与人交往、不断结交新的朋友、善言谈、愿意教导别人。关心社会问题、渴望发挥自己的社会作用。寻求广泛的人际关系，比较看重社会义务和社会道德	喜欢要求与人打交道的工作，从事提供信息、启迪、帮助、培训、开发或治疗等事务，并具备相应能力。如教育工作者（教师、教育行政人员），社会工作者（咨询人员、公关人员）
企业型	追求权力、权威和物质财富，具有领导才能。喜欢竞争、敢冒风险、有野心和抱负。为人务实，习惯以利益得失、权利、地位、金钱等衡量做事的价值，做事有较强的目的性	喜欢要求具备经营、管理、劝服、监督和领导才能，以实现机构、政治、社会及经济目标的工作，并具备相应的能力。如项目经理、销售人员、营销管理人员、政府官员、企业领导、法官、律师
常规型	尊重权威和规章制度，喜欢按计划办事，细心、有条理，习惯接受他人的指挥和领导，自己不谋求领导职务。喜欢关注实际和细节情况，通常较为谨慎和保守，缺乏创造性，不喜欢冒险和竞争，富有自我牺牲精神	喜欢要求注意细节，精确度，有系统有条理，具有记录、归档、根据特定要求或程序组织数据和文字信息工作的职业，并具备相应能力。如秘书、办公室人员、记事员、会计、行政助理、图书馆管理员、出纳员、打字员、投资分析员
实际（实践）型	愿意使用工具从事操作性工作，动手能力强，做事手脚灵活，动作协调。偏好于具体任务，不善言辞，做事保守，较为谦虚。社交能力不强，通常喜欢独立做事	喜欢使用工具、机器，需要基本操作技能的工作。对要求具备机械方面才能、体力或从事与物件、机器、工具、运动器材、植物、动物相关的职业有兴趣，并具备相应能力。如技术性职业（计算机硬件人员、摄影师、制图员、机械装配工），技能性职业（木匠、厨师、技工、修理工、农民）
调研型	思想家而非实干家，抽象思维能力强，求知欲强，肯动脑，善思考，不愿动手。喜欢独立的和富有创造性的工作。知识渊博，有学识才能，不善于领导他人。考虑问题理性，做事喜欢精确，喜欢逻辑分析和推理，不断探讨未知的领域	喜欢智力的、抽象的、分析的、独立的定向任务，要求具备智力或分析才能，并将其用于观察、估测、衡量、形成理论、最终解决问题的工作，并具备相应的能力。如科学研究人员、教师、工程师、计算机编程人员、医生、系统分析员
艺术型	有创造力，乐于创造新颖、与众不同的成果，渴望表现自己的个性，实现自身的价值。做事理想化，追求完美，不重实际。具有一定的艺术才能和个性。善于表达、怀旧，心态较为复杂	喜欢的工作要求具备艺术修养、创造力、表达能力和直觉，并将其用于语言、行为、声音、颜色和形式的审美、思索和感受，具备相应的能力。不善于事务性工作。如艺术方面的职业（演员、导演、艺术设计师、雕刻家、建筑师、摄影家、广告制作人），音乐方面的职业（歌唱家、作曲家、乐队指挥），文学方面的职业（作家、诗人、编剧）

④ 能力。在心理学上，能力是指直接影响活动效率，并使活动顺利完成的个性心理特征。任何一种活动都要求参与者具备一定的能力，能力就是个人完成某种活动的本领。

按能力的结构分类，可将能力分为一般能力和特殊能力。一般能力是指观察、记忆、思维、想象等能力，通常也叫智力，是人们完成各种活动都必须具备的能力。特殊能力是指人们从事特殊职业或专业需要的能力，如节奏感受力、色彩鉴别力，计算能力等。人们从事任何一项专业性活动既需要一般能力，也需要特殊能力。

按能力所涉及的领域分类，可将能力划分为认知能力、操作能力和社会交往能力。

按能力的创造程度分类，可将能力划分为模仿能力、再造能力和创造能力。

人与人之间能力的差别，主要是类型上的差别。例如，有的人记忆力强，有的人想象力强；有的人擅长音乐，有的人擅长画画。在职业领域中，能力是影响人们职业活动效果的基本因素。人们需要具备与职业相关的能力素质，才有可能从事某项工作。只有对自己的能力有充分的认识和判断，才能找到适合自己的工作，合适的工作有利于促进个人能力的进一步发展。因此，在确定职业方向、选择职业目标时，首先要明确自己的能力优势以及胜任的可能性，不要好高骛远、草率行事，要选择与自己的能力相匹配的职业。当然，能力也是可以训练和培养的，如果有职业方向，在学习阶段就有意识地对基本能力和专业能力进行训练，有助于更好择业和就业！

⑤ 个性。由于个性的复杂性，我国心理学界对个性的概念和定义尚未有一致的看法。我国第一部大型心理学词典——《心理学大词典》中对个性的定义反映了多数学者的看法，即：个性，也可称人格。指一个人的整个精神面貌，即具有一定倾向性的心理特征的总和。个性结构是多层次、多侧面的，由复杂的心理特征的独特结合构成的整体。这些层次有：第一，完成某种活动的潜在可能性的特征，即能力；第二，心理活动的动力特征，即气质；第三，完成活动任务的态度和行为方式的特征，即性格；第四，活动倾向方面的特征，如动机、兴趣、理想、信念等。这些特征不是孤立存在的，而是有机结合的一个整体，对人的行为进行调节和控制。

在心理学上，气质是指人们心理活动的强度、速度、灵活性和指向性等方面的一种稳定的心理特征。它是人们先天禀赋的某种特性，具有很强的独特性和稳定性，但在社会生活和教育条件的影响下，气质也会发生缓慢的变化，以符合社会实践的需要。

性格是一个人对现实的稳定的态度，以及与这种态度相应的、习惯化了的行为方式中表现出来的人格特征。性格一经形成便比较稳定，但是并非一成不变，而是可塑的。性格不同于气质，更多体现了人格的社会属性，个体之间的人格差异的核心是性格的差异。

气质、性格是一个人的个性中比较稳定的因素，对个人的职业定向与选择乃至职业的发展与成功发挥着持续影响的作用。不同气质、性格的人，他们的职业倾向性是不同的，这会影响到他们的职业定向与选择。不同的职业对人也有不同的气质、性格要求，因此要尽量选择与自己的气质、性格相匹配的职业。

古希腊医学家希波克拉底把人的气质分为多血质、胆汁质、黏液质、抑郁质四种，每种气质类型都有不同的特征。人的气质类型特征与职业对应关系见表1-6。

表1-6　人的气质类型特征与职业对应关系

类型	特征	工作特点	适应职业
多血质	活泼好动，思维敏捷，反应快，灵活性高，易于适应环境变化，善于交际，在工作、学习中精力充沛而且效率高；对什么都感兴趣，但情感兴趣易于变化；有些投机取巧，易骄傲，接受不了一成不变的生活	适合做社交性、文艺性、多样，反应敏捷且均衡的工作；不适应需要细心钻研的工作	演员、歌手、艺术工作者、记者、律师、公关人员、服务员、销售等

続表

类型	特征	工作特点	适应职业
胆汁质	直率热情，精力旺盛，易冲动，心境变化剧烈	较适合做反应敏捷、动作有力、应急性强、危险性大、难度较高而费力的工作；不宜从事稳重细致的工作	运动员、警察、消防员、导游、节目主持人、外事接待人员等
黏液质	安静稳重，反应迟缓，沉默寡言，情绪不易外露，善于忍耐、克制	较适合做有条不紊、平静、耐受较高的工作；不宜从事激烈多变的工作	外科医生、法官、管理人员、出纳、会计、播音员、调解员等
抑郁质	情绪体验深刻、持久，好静，行动迟缓，但准确性高，感受性强，敏感，细致	较适合从事兢兢业业、持久细致的工作；不适合反应灵敏、需要果断处理的工作	技术员、打字员、质检员、化验员、刺绣工、秘书、保管员等

⑥ 情商。情商即情绪智商（emotional quotient，EQ）。这一概念是美国耶鲁大学心理学家彼得·塞拉维（Peter Salovey）和新罕布什尔大学的约翰·梅耶（John D. Mayer）于20世纪90年代首次提出的。1995年哈佛大学的心理学家丹尼尔·戈尔曼（Daniel Goleman）出版的《EQ》一书，登上了世界各国的畅销书排行榜，在全球范围掀起了EQ热。戈尔曼把情绪智力定义为："能认识自己和他人的感受，自我激励，很好地控制自己，以及在人际交往中的情绪的能力。"其由五部分组成：a.自我认识；b.鉴别和判断他人的心理状态；c.自我情绪控制和调整；d.自我激励和自我效能；e.与社会的亲和力。

以上的非智力因素，社会学界也称之为3C素质（即能力、沟通、合作）。其中的能力要素是指丰富的想象力、组织能力、说服他人的能力、良好的与他人沟通能力、善于学习新知识的能力、创新能力等；沟通要素是指与他人有效沟通的方式和技巧；合作要素是指与他人和团体的合作共事能力。

经过研究，戈尔曼发现一个人的EQ对他职场的成功发挥着决定性的作用。针对美国前500强大企业的员工所做的调查表明：一个人的IQ（intelligence quotient，智商）和EQ对他在工作上成功的贡献比例为1∶2，并且职位越高，EQ对工作产生的影响就越大。所以学会管理和感知自己和他人的情绪非常重要。

1.1.6 职业定向与选择的原则

选择一个自己满意的职业岗位是每个人的心愿。职业定向与选择需要遵循以下原则。

（1）符合社会发展要求原则

在市场经济和互联网形势下，职业的选择是双向的。个人对职业进行选择，职业和用人单位也对个人进行选择。一个人如果无视社会需要，一味从自我价值观念出发，在实践中是很难做出明智的选择的。社会也并不是总为每个人提供如意的工作和职业，当社会需要和个人需要发生冲突时，认识到每个职业岗位的工作都有它特殊的社会意义和存在价值是很重要的。如此，才能让自己在现有岗位上专研深耕，促进自己的成长。对职业岗位既要看到它的现在，又要预见其未来的发展，寻找个人与社会的结合点，把个人兴趣、爱好、专长与社会需要统一起来，踏实努力工作，适应社会和职业的需求。

（2）发挥个人优势原则

个人优势是指一个人自身素质的优势，主要包括知识能力特长、专业技术特长、生理特长、心理特长、品质特长等。在进行职业定向与选择时，要综合分析自己的素质优势及其他有利因素，侧重能充分发挥个人优势的职业方向和职业岗位，进入岗位容易适应，在今后的工作中做到扬长避短，出色地做好工作，容易取得较高的成就。

1.1.7 个人职业的发展与成功

个人职业发展的成功就是在自己选定的职业领域里，通过学习、培训和实践，不断满足和超越职业的各种要求，成功实现自己的理想和职业目标，从而实现自己的人生价值。

（1）个人职业发展

① 个人职业发展的过程。职业发展是人的职业心理与职业行为逐步变化、走向成熟的过程，是伴随个人一生的、连续的、长期的发展过程，是个人发展的最主要的方面。它同人的身心发展一样，可以分成几个不同的阶段。每个阶段都有其不同的特点和特定的职业发展任务。美国著名职业指导专家萨柏把人的职业发展分为五个阶段，见表1-7。

表1-7 职业发展的不同阶段

发展阶段	年龄跨度	职业阶段特点	职业发展任务
成长阶段	从出生至14岁	对职业从好奇、幻想到有兴趣、有意识地培养职业能力	培养职业想象力，逐渐建立起自我的概念；形成对自己的兴趣和能力的某些基本看法；对各种可选择的职业进行带有某种现实性的思考
探索阶段	15～24岁	认真地探索各种可能的职业选择	选定比较合适的职业，做好开始工作的准备；对自己的能力和天资形成一种现实性的评价；根据来自各种职业选择的可靠信息做出相应的教育决策
确立阶段	25～44岁	工作生命周期中的核心部分，能够找到合适的职业	全力以赴地投入到选定的稳定职业中，取得成就；对自己最初的职业选择可进行再评估、再选择
维持阶段	45～65岁	职业发展的后期阶段，一般都已经在自己的工作领域中为自己创立了一席之地	维持已取得的职业成就和社会地位
下降阶段	66岁以上	职业生涯中的衰退阶段，权力和责任减少	学会接受新角色；成为年轻人的良师益友；面对退休，正式结束职业生涯

② 现阶段学生职业发展的主要任务。学生在校接受职业技术教育、进行专业学习的阶段是人生的重要时期，是为以后的职业发展做准备、打基础的阶段，对于人生职业发展有着重要的意义。现阶段学生职业发展的主要任务如下。

a. 职业探索。在这一阶段，学生应结合自己的实际，认真反思自己已经走过的路程，重新认识自己、认识社会、认识专业和职业，思考未来的发展方向；根据自己的人生追求、职业兴趣和能力特长选择适合的专业；结合社会需要、职业要求、职业目标等学习专业知识、培养专业能力。通过以上职业探索，找到适合自己的职业发展道路。

b. 职业定位。这一阶段是人的职业定向与选择的关键阶段，因为在校所学的专业方向体现了人生职业的选择方向，只有定位准确，才能充分发挥自己的能力与特长，集中自己的优势资源有目标地持续发展。因此，在校学生应认真分析自己，多了解社会需求，以求准确地进行职业定位。

c. 职业准备。这一阶段是职业发展的准备期，学校生活和专业学习为今后的职业发展做好准备，是学生职业发展的起步阶段。因此，为了使自己将来有更多的选择机会，能够自信自强地去面对社会竞争，必须充分做好思想、道德、知识、技能等方面的准备，努力提高自己的综合素质，为将来职业的发展创造各种条件，做好充分准备。

（2）个人职业发展的成功要素

① 坚定职业志向和信念。志向，指人们在某一方面决心有所作为的努力方向。具有不同世界观和人生观的人有不同的志向。组织和企业有其发展方向，从个人来说，志向主要通过选择职业来体现。"志不立，天下无可成之事""三军可夺帅也，匹夫不可夺志也"，都说明个人志向的重要性。个人应选择社会需要的、最能发挥个人特长的职业作为志向，并为实现志向而努力奋斗。方向有了，如何坚定前行，还需要坚定的信念。信念是指人们坚信自己所干的事、所追求的目标是正确的，是在任何情况下都毫不动摇地为之奋斗、执着追求的意向动机。在自己的职业发展中清楚自己的志向和拥有一个坚定的职业信念，是我们身心成熟的一个标志，也是我们职业成功的精神力量源泉。

② 制订职业发展规划。"机会只留给有准备的人"，成功的职业发展源于科学合理的规划和准备。对职业院校的学生来说，在校期间积极主动地对自己的职业发展进行科学合理的规划，做好充分的准备，能指引自己按确定的职业方向、目标和发展道路一步步地走向成功。

③ 提高职业道德修养。职业道德素质是从业人员的基本素质，是一个人全面素质的重要组成部分。在校学生要提高职业道德修养，培养良好的职业道德素质，不断提高自身的综合素质，以适应将来职业岗位的要求，促进自己的职业发展，逐步成才，实现人生价值。

④ 培养职业能力素质。职业能力是人们从事某种职业的多种能力的综合。一定的职业能力是胜任某种职业岗位的必要条件。任何一个职业岗位都有相应的岗位职责要求，没有能力或能力低下就难以达到工作岗位的要求，难以胜任工作。个体的职业能力是个人职业成败的关键。因此，我们要珍惜在校的学习时光，努力学习文化专业知识，加强专业技能训练，自觉培养和不断提高自己的职业能力，提高自己的综合素质。

⑤ 积极参加社会实践活动。参加社会实践活动对在校学生来说，就是参加校内外的各种专业见习、专业社会调查、专业实训、专业实习、社团组织、志愿服务、勤工俭学等实践活动。

作为职业院校的学生，在校期间应根据自身的实际情况，有选择地积极参加校内外各种实践活动，为将来的职业发展打好基础。

（3）走好人生新阶段，立志技能成材

以往，因为历史原因，社会、家长和企业对职业学校有偏见，职业学校的学生也普遍缺少自信，在就业上也存在一定的限制。随着社会的发展和人们思维方式的提升，要想成为科技工业强国，越来越多的人透过学历和身份的光环看到更重要的是劳动者的技能，蓝领和白领同等重要。

2019 年 1 月，国务院印发《国家职业教育改革实施方案》，开宗明义指出"职业教育与普通教育是两种不同教育类型，具有同等重要地位"，正式确定职业教育在我国教育体系中是一个单独种类的教育。这一重要定位，一方面，是对职业教育的重大理论贡献，明确了职业教育是一个教育类型，而不是教育层次，对于摆正职业教育的地位，发挥职业教育服务社会和个体发展的能力，以及推进职业教育治理体系和治理能力现代化，具有重要的发展战略意义，极大地丰富了中国特色职业教育理论；另一方面，具有重要的政策指导和实践意义，明晰了职业教育和普通教育的联系与区别，指明了职业教育的发展方向，有利于职业教育系统更明晰自己的功能和作用，进一步探索和完善职业教育独特的办学模式和人才培养模式，更好地服务、支撑国家现代化建设。

职业教育的目的是培养应用型人才和具有一定文化水平和专业知识技能的社会主义劳动者、社会主义建设者，与普通教育和成人教育相比较，职业教育侧重于实践技能和实际工作能力的培养。

2022年4月20日，新修订的《中华人民共和国职业教育法》获得通过。可见国家对职业教育越来越重视，职业教育正面临着前所未有的重大机遇。这次修订，最大亮点在于将职业教育和普通教育放在了同等重要的地位，打破职业教育"天花板"，畅通了职校学生的发展通道。职业本科、职教高考制度正在加快建立。据相关数据显示，我国制造业高技能人才只占技能人才总量的28%，与发达国家相比仍然有较大差距。高职和职业本科培养的人才就是要到现场去、一线去、进厂去的。研究型本科培养的是"研发工程师"，应用型本科培养的是"设计工程师"，而高职和职业本科培养的是"现场工程师"。他们都是社会和国家不同岗位需要的人才。

 案例链接

职业教育也能走出"世界冠军"

2022年4月13日，世界钢铁协会第16届模拟炼钢挑战赛世界总决赛结果公布，唐山科技职业技术学院材料工程系大二学生李绮琛以绝对优势战胜欧洲、美洲、西亚、东亚等赛区一千多名选手，获得学生组总冠军。

2022年两会期间，"90后"全国人大代表杨金龙的建议都是围绕职业技能人才展开的。杨金龙是第43届世界技能大赛汽车喷漆项目冠军，打破了0.01mm的极限，使我国实现了世界技能大赛金牌零的突破。而他就毕业于职业院校，之后又回到职业院校任教。

杨金龙接受媒体采访时表示，我国的职业教育有很好的发展前景，我国的职业教育与德国等国相差无几，但有技术、有高技能的人才缺口仍存在。不少学生只要有机会还是希望能升学，但中职生毕业后继续升学深造空间有限。《中华人民共和国职业教育法》进一步明确了职业教育作为"类型教育"的定位与地位，提出与普通教育同等重要地位，这个至关重要。虽然相似表述在2019年曾提出过，但列入法律中，这还是首次。

2019年国务院发布《国家职业教育改革实施方案》（简称《职教20条》），提出了20条措施，要求下大力气抓好职业教育，包括经过5～10年时间，职业教育基本完成从"追求规模扩张"到"提高质量转变"等。

此前职业教育一直被视为"层次教育"，在"层次教育"定位下，中职低于普高、高职低于本科，而按照"类型教育"的定位，意味着中职不再是职业教育的终点而是起点，中职、高职、本科乃至研究生的上升通道更为顺畅。"相当于打破职业教育的天花板，更有利于构建现代职教体系。"

作为职业技术院校的学生，要多了解我国关于职业教育发展与改革，人才培养机制、就业与创业的政策方针，认识到社会对技能型人才的需求，从而明确自己肩上所承担的社会责任，转变"上职业技术院校没有前途"的认识。克服自卑心理，树立正确的职业理想，坚定对自己所学专业、所选职业的自豪感和自信心，激励自己努力学好专业知识、掌握专业技能，为将来自己的职业发展打好基础。

坚信自己选择的正确性，坚定职业方向，无论遇到什么困难挫折，不轻言放弃，坚韧不拔，勇往直前，一定能走向个人职业发展的成功之路，赢得圆满幸福的人生！

1.2 职业道德概述

1.2.1 职业道德的内涵

（1）道德的含义

道德是道和德的合成词，道是方向、方法、技术的总称；德是素养、品性、品质。道德双修是人生的哲学。道德是一种社会意识形态，是人们共同生活及其行为的准则与规范。道德是指以善恶为标准，通过社会舆论、内心信念和传统习惯来评价人的行为，调整人与人之间以及个人与社会之间相互关系的行动规范的总和。道德具有调节、认识、教育、导向等功能，与政治、法律、艺术等有密切的关系。中华传统文化中，形成了以仁义为基础的道德。道德也是一种行为准则，对一个人的道德评价主要来自他表现出的言行，如助人为乐、尊老爱幼、见义勇为、无私奉献等。

（2）职业道德的含义

职业道德是指从业人员在特定的工作和劳动中以其内心信念和特殊社会手段来维系的，以善恶进行评价的心理意识、行为原则和行为规范的总和，它涉及了从业人员与服务对象、职业与职工、职业与职业之间的关系。它既是从业人员在职业活动中的行为要求，又是本行业对社会所承担的道德责任和义务。

职业道德有三方面的特征。一是范围上的有限性。任何职业道德的适用范围都不是普遍的，而是特定的、有限的。一方面，它主要适用于走上社会岗位的成年人；另一方面，尽管职业道德也有一些共同性的要求，但某一特定行业的职业道德也只适用于专门从事本职业的人。二是内容上的稳定性和连续性。由于职业分工有其相对的稳定性，与其相适应的职业道德也就有较强的稳定性和连续性。三是形式上的多样性。职业道德的形式，因行业而异。

职业道德作为道德的一种特殊形式，是从事一定职业的人们在其特定的工作中所形成的。良好的职业道德不仅能够协调社会生活中的各种关系，维持良好的社会风气，还有助于提高政府的公信力。

1.2.2 社会主义职业道德的含义

社会主义职业道德规范对各行各业提出了共同的要求，适用于各种职业。中共中央颁发的《公民道德建设实施纲要》中明确提出："要大力倡导以爱岗敬业、诚实守信、办事公道、服务群众、奉献社会为主要内容的职业道德，鼓励人们在工作中做一个合格的建设者。"所以，爱岗敬业、诚实守信、办事公道、服务群众、奉献社会是社会主义职业道德的基本规范。其中，"爱岗敬业"是前提。因为良好的职业道德行为是建立在对本职工作的热爱和强烈的责任感的基础上的。良好的职业道德行为的基本要求是"诚实守信、办事公道"，这一切的最终目的是"服务群众、奉献社会"。

（1）爱岗敬业

① 爱岗敬业的含义。所谓爱岗就是热爱自己的工作岗位，热爱本职工作。爱岗是对人们工作态度的一种普遍要求。热爱本职工作就是从业者以正确的态度对待各种职业劳动，

努力培养热爱自己所从事的工作的幸福感、荣誉感。一个人一旦爱上了自己的职业，就能全身心地投入到工作中，就能在平凡的岗位上做出不平凡的成绩。

所谓敬业就是用一种恭敬严肃的态度对待自己的工作，认真负责、兢兢业业。敬业侧重于实际行动。敬业包含两层含义。一是谋生敬业，抱着强烈的挣钱养家、勤劳致富的目的对待自己的工作。这种敬业道德因素较少，个人利益因素较多。二是真正意识到自己工作意义的敬业，这是高层次的敬业。这种内在的精神才是鼓舞人们认真负责、兢兢业业的强大动力。

在社会生活中，大多数的工作岗位都是平凡的。只有把工作当成人生的追求、当成享受的人，才是爱岗敬业的人。俗话说，热爱是最好的老师。人只有对自己的工作倾注无限的热爱，才能干好本职工作，才能在平凡的岗位上做出不平凡的成绩。因此，爱岗和敬业是相辅相成、相互联系的。爱岗是敬业的前提，敬业是爱岗情感的进一步升华，是对职业责任、职业价值、职业荣誉的深刻认识和践行。

② 爱岗敬业的基本要求。爱岗敬业是社会主义职业道德对每一位工作者的基本要求。要达到这一要求，必须做乐业、勤业、精业。

a. 乐业。乐业就是热爱自己的本职工作。首先，要认识到自己所从事的职业在社会生活中以及在整个社会行业中的作用和意义。在社会生活中，每一项工作都要有人去干，特别是工作艰苦、环境恶劣的工作，更需要人去做。一般来说，工作条件好、待遇高、轻松的工作，做到爱岗是比较容易的，而那些工作条件差、技术性低、环境危险、繁重劳累或者危险性高的工作，做到爱岗就相对难一些。其次，需要把自己的工作岗位看成一种责任和乐趣，而不是负担。因为只有从内心深处热爱自己的工作，才能在工作中释放自己的热情，发挥自己的才能，从而获得巨大的愉悦感和成就感。热爱是做好一切工作的前提和基础。任何人的成功绝非偶然，抱怨没有任何作用，只能毁掉自己。在各行业中，有卓越成就的人都是热爱自己从事的职业、精益求精、忘我投入的人，只有这样才能取得不凡的成果。

b. 勤业。勤业就是勤奋学习、刻苦钻研本职工作。勤奋学习要做到手勤、脚勤、眼勤、脑勤，要做到不怕困难。服务员每天接待形形色色的顾客，打字员每天无数次地点打键盘，汽车驾驶员长时间地保持注意力集中等，工地上的建筑工人和施工员长期日晒雨淋，这些都要有吃苦耐劳的精神作为支撑。

c. 精业。精业是爱岗敬业的高层次展现，要做到精业必须不断学习，不仅在学校期间要认真学习专业知识和职业技能，掌握过硬的本领，走上工作岗位后还要不断学习，及时掌握新知识、新技术、新工艺和新方法。对工作必须精益求精，追求卓越，不断创新，争创一流。精业的精神内涵是无私忘我的爱国精神、不服输的拼搏精神、勇创新的进取精神，还有淡泊名利的奉献精神，概括来讲，就是追求卓越，做事唯精。

 案例链接

青年榜样贺刚的奋斗故事

他曾经是一名普通的农民工，一步一步成长为行业的顶尖技术精英，获得荣誉无数。他是怎样打拼出一个精彩的人生的呢？让我们来看看青年榜样贺刚的奋斗故事。

1995年，贺刚接到姐夫"出来打工"的电报。当时他正好想要"出去闯一闯"，于是扛起行李就来到浙江温州，做起了钢筋工。那年夏天，温州骄阳似火。贺刚工作的环境，温度常常在40℃以上。大型设备进不了工地，需要工人自己抬钢筋。露天暴晒过的钢筋犹如烙铁一般，贺刚的肩膀上即使已经垫了好几层东西，依然能感受到那种灼烧皮肤的感觉，"工作服都被烫烂了"。

那时，贺刚每天早上四五点钟就开始干活，晚上要加班到10点以后，住的是油毡布盖的简易工棚。因为天太热，工棚内根本无法入睡，他经常跑到外面的大树下去睡。

温州的冬天也不好过。如果说夏天时的钢筋是一块烙铁，那冬天时的钢筋就成了一把冰冷的利剑。贺刚常常要裸着双手扎钢筋，他的手上到处都是口子，一沾水就钻心地疼。

那几年，贺刚尝过了此前的人生中从未尝过的苦：烈日、狂风、大雨是他工作中最常见的场景；磕碰、受伤也是家常便饭；那双沾满油污的手总也洗不干净，拍相亲照时都不敢露出来……但其实他并不怕吃苦，他怕的是"人生没有出路"。

做钢筋工能有出息吗？能出人头地吗？夜深人静的时候，贺刚躺在床上常常这样想。但他给不了自己答案。他也做过"逃兵"，在一个水泥电线杆厂干了一段时间，但因为不适应，最后还是选择回归。"三百六十行，行行出状元。"曾经带他的师傅用这句老套得不能再老套的话敲打他。他清醒了许多，心也渐渐沉了下来。

"其实我是个不服输的人。"贺刚说，一旦下定决心，他就一定会朝着自己的目标努力。看懂图纸、做班组长，成为他那段时间的工作目标。为了实现目标，他可没少下功夫。每天去工地，他都比别人早去一点；下班了，他又比别人晚回去一点，为的就是多干活，在实践中锻炼自己的技术。一到下雨天，当别人去打牌、看录像的时候，他总是一个人默默地去书店，在那儿啃建筑专业书籍，一待就是一天。在工地上，他常常跟在老师傅们的身后取经，有的时候甚至会溜到别的工地上"偷师"。他的钢筋绑扎技术越来越熟练了，图纸能看懂了，再后来，他会计算、懂下料了。他就这样一步一步把自己"逼"成了班组长。

"天道酬勤。"贺刚一直这样激励自己，他相信自己的努力终究会结出果实。

2006年，机会来了。那一年，他参加了温州市、浙江省和全国建筑业职业技能大赛，凭着过硬的实操技术和理论知识，他一路过关斩将，在这三个"战场"都拿下了第一名的好成绩。"在钢筋上绣花。"一些人这样描述贺刚的技术。

在中央电视台的"2007劳动榜样"节目中，他用一把剪刀、一把扳手和一把扎钩展示了"在钢筋上绣花"的绝活：3min内，在一根2m长的钢筋上，用铁丝绑扎40个孔，每个孔直径约3mm，误差不能超过2mm。这样的绝活背后，是贺刚日复一日的努力和艰辛。

"全国五一劳动奖章""全国技术状元""中国青年五四奖章""2008年国务院政府特殊津贴"……当鲜花和掌声纷至沓来的时候，贺刚还有点不敢相信："我一个打工的技术工人，真的能获得这么多殊荣吗？"能！他用自己的拼搏奋斗回答了自己。

学无止境。贺刚从不满足于自己取得的这些成绩，他知道自己的路还长，需要更多的知识去填补。后来他走进重庆大学进修，获得了土木工程大专文凭，在行业报刊上发表了两篇论文，其中一篇被评选为2008年度《温州建筑》优秀论文二等奖。他还成立了技能工作室，带出了数十位徒弟。

如今的他，尽管已成为一名管理者，却依然惦记着工地上的工作。"没事了，在办公室待不住，就想去工地上转转，感觉那样才踏实。""苦难的经历是人生最大的财富。要有付出，才能有收获，才能赢得尊重。"贺刚说他感谢曾经的苦难，正是那些经历才成就了他的精彩人生。

（2）诚实守信

① 诚实守信的含义。诚实守信既是中华民族的传统美德，也是职业活动中从业人员对

社会、对人民所承担的义务和责任。所谓诚实就是忠于事物本来的面目，不歪曲，不篡改事实；同时不隐瞒自己的真实想法，行为上光明磊落，不欺骗他人。守信就是信守承诺，说话算数，讲信用，答应别人的事情一定做到，"言必行，行必果"。诚实和守信是相互联系的，两者都讲究真实、不欺骗。诚实侧重于对客观事实的反应是真实的，对自己的想法表达是真实的；守信则侧重于信守对别人的承诺，忠实地履行自己应承担的责任和义务。诚实守信不仅是做人的基本准则，也是行事的基本原则。

目前，我国的个人信用制度也已经开始起步。上海市是第一个建立个人信用制度的城市，只有信用良好的人才能更容易借到钱，并且个人信用制度还是一种资源，一旦你有不良的信用记录，别说借钱，可能连房子都租不到；反之，你能以自身良好的信用来抵押获取更大的自由发展空间。这种制度也能够为公民指明经济活动中的社会道德方向。

② 诚实守信的基本要求。在发展社会主义市场经济、构建和谐社会的过程中，更加需要大力倡导诚实守信的美德。历史经验证明，不讲信誉的人是没有前途的人，不讲信誉的企业是没有未来的企业，不讲信誉的国家是没有希望的国家。诚实守信的基本要求如下。

a. 树立 "以诚实守信为荣、以见利忘义为耻" 的道德观念。改革开放 40 多年后的今天，在社会主义市场经济中，诚信面临着一种危机，已成为阻碍社会向前发展的因素之一。

b. 要求从业者恪守诺言，不出尔反尔。一旦做出承诺，就要努力做到，并且能够承担责任，珍惜自己的职业信誉。

c. 坚决反对欺诈行为。从业者必须旗帜鲜明地反对欺诈行为，反对以次充好、以假充真的行为。欺诈行为一方面损害了国家、集体和消费者的利益，另一方面也损害了企业自身的信誉，不利于企业的长久发展。

（3）办事公道

① 办事公道的含义。办事公道是在爱岗敬业、诚实守信的基础上提出的更高层次的职业道德的基本要求。所谓办事公道是指从业者在办事情、处理问题时，能站在公正的立场上，对当事双方公平合理，不偏不倚，按照同一个标准和原则办事。

作为一名从业者，在职业活动中必须奉行办事公道的基本原则，在处理个人与国家、集体与他人的关系时，必须公私分明、公平公正、光明磊落。例如，服务员在接待顾客的时候，不以貌取人，无论是西装革履的老板，还是衣着平平的普通人，都能一视同仁，同样热情周到地服务，这就是办事公道。医生对高官厚禄的病人和生活贫穷的病人都同样对待，悉心诊治，也是办事公道。人都是有尊严的，每个人都希望自己与别人一样受到同等的待遇。因此，每一名从业者都必须在职业活动中做到客观公正、照章办事、不徇私情。

② 办事公道的基本要求。社会主义市场经济要求每一个主体不仅在法律地位上是平等的，而且在人格尊严和社会权益上也都是平等的。人与人之间只有社会分工和能力不同，没有高低贵贱之分。办事公道就是要求从业者客观公正地照章办事，抛开 "权力"，摒弃"人情"，以人为本。办事公道的基本要求如下。

a. 要坚持真理、追求正义。坚持真理就是坚持实事求是，办事情、处理问题要合乎公理、合乎正义。不追求真理和正义的人，办事很难合乎公道。真理、正义面前人人平等，真理、正义是办事公道的前提和基础。

b. 要坚持原则、不徇私情。有原则才有公道，没有原则就没有公道。如果办事情，按关系办，按人情办，丧失原则，不讲政策讲人情，不讲原则讲关系，那就是徇私情。有了私情，就很难坚持原则、办事公道，既危害国家，又危害人民群众。要做到坚持原则、不徇私情，就要在工作中按规定、按程序办事，不夹带个人感情，不讲亲疏远近，不分职位高低，自觉接受群众监督。

c. 廉洁奉公、不牟私利。廉洁奉公是指廉洁不贪，不能假借职权职务之便而损公肥私，牟取个人利益，应该做到严于律己，一心为公。私利可能使人丧失立场、丧失原则，只有自己保持清白，没有把柄在别人手里，才敢坚持真理，维护正义，真正做到办事公道。

d. 要有一定的识别能力，真正做到办事公道，一方面与品德有关，另一方面与认识能力有关。如果一个人的认识能力很差，就会分辨不清是非标准，分不清原则与非原则，很难做到办事公道。所以，要做到办事公道，必须加强学习，明确是非标准，并有敏锐的洞察力，从而不断提高自己的认识能力。

（4）服务群众

① 服务群众的含义。服务群众是为人民服务的思想在职业道德中的具体体现，是各行各业从业者必须遵守的职业道德规范。所谓服务群众就是全心全意为人民服务。它指出了职业与人民群众的关系，我们工作的服务对象就是人民群众，我们应当时时刻刻为群众着想。服务群众不仅是对领导、领导机关、公务员的要求，也是对所有从业者的要求。

在社会主义社会，每个公民无论从事什么样的工作，能力如何，都应在自己的岗位上，通过不同的形式为人民服务。

② 服务群众的基本要求

a. 要树立全心全意为人民服务的思想。思想意识决定一个人的行为，正确的理想信念能给人执着追求的动力。只有树立正确的服务群众的人生观、价值观，自觉地反对和抵制拜金主义，淡泊名利，真正做到言行一致、表里如一，心中始终装着群众，一切从人民益出发，才能成为一名合格的从业者。

b. 热情周到，文明服务。热情周到是要求从业者对服务对象报以热情、主动的态度，把群众当成亲人一样，服务细致周到。能否真正做到服务群众，通过服务态度可以直观、清楚地反映出来。在热情周到地服务群众的同时，还要谈吐文雅、行为举止大方、文明服务。

c. 做到方便群众，服务群众。要求从业者努力为群众提供方便，做到心中有群众、真情待群众、想群众之所想、急群众之所急。在我们的社会里不管从事何种职业，身处什么岗位或地位，每个从业者做每件事情都是服务群众。干一行，爱一行，兢兢业业做好本职工作就是服务群众。

d. 要有高超的服务技能。要服务好群众，让群众满意，不仅要有热情服务群众，还要有高超的服务技能。掌握良好的专业技能，提高业务能力，是每一个从业人员对社会应尽的道德责任和义务。

（5）奉献社会

① 奉献社会的含义。奉献社会是社会主义职业道德的最高境界。所谓奉献社会就是一心一意为他人、为社会、为国家做贡献，丝毫不考虑个人恩怨得失。一切从有益于他人、有益于社会、有益于国家和民族出发，只要是对人民利益有好处的，再苦再累也不怕，心甘情愿地奉献自己的一切，必要时甚至不惜牺牲自己的生命。奉献社会是一种人生境界，是一种融合在一生事业中的高尚人格。

② 奉献社会的要求。在现实生活中，有些人受功利主义、享乐主义、拜金主义等影响，认为奉献社会、为人民群众服务的思想和做法已经过时了，其实这种想法是错误的。

奉献社会的要求如下。

a. 树立正确的人生观、价值观。树立科学的人生观、价值观能从根本上影响一个人的生活方向和人生道路，能指引一个人用自己的劳动去创造人生业绩，成为一个有益于社会、有益于人民的高尚的人。错误的人生观、价值观将导致一个人背离人生的正道，走到邪路上去，甚至成为危害社会、危害人民的罪人。职业院校的学生必须牢固树立和坚持正确的人生观、价值观，必须要有坚韧不拔的毅力，甚至要牺牲一些个人的利益，才能成为一个高尚的人，一个纯粹的人，一个有道德的人，一个脱离了低级趣味的人，一个有益于人民的人。

b. 培养高尚的人格。人格是道德的尺度和做人的尊严。人格的观念可以化作强大的道德力量，激励鼓舞人向上，能做到奉献社会的人一定具有高尚的人格、崇高的责任感。

c. 掌握献身社会的本领。作为职教学生，要想为社会做出贡献，还应具备无私的精神和正直的品质。应掌握各种各样的本领，掌握渊博的知识和精湛的技能，有良好的身体素质，并能积极地投身到社会实践中去。只有这样，才能更好地奉献社会。

d. 努力做到持之以恒。奉献社会，应当从小事做起，并能够持之以恒。作为一种行为，持之以恒是最可贵的境界。世上最难的事情就是持之以恒地付诸行动。三分钟激情谁都可以，十年如一日却是很难做到的。

人的道德品质不是自发形成和自然提高的，社会主义职业道德也是如此，必须通过一定的教育和耐心的修养，才能成为人们内在的品质和自觉习惯。当今社会，职业道德修养是道德建设的重要内容。职业技术学院的学生要使自己成为合格的人才，必须注重加强职业道德修养。

1.2.3 建筑业从业人员职业道德规范

原建设部于1997年发布了《建筑业从业人员职业道德规范》（97）建建综字第33号，以下做部分节选。

（1）施工作业人员职业道德规范

① 苦练硬功，扎实工作。刻苦钻研技术，熟练掌握本工程的基本技能，努力学习和运用先进的施工方法，练就过硬本领，立志岗位成才。热爱本职工作，不怕苦、不怕累，认认真真，精心操作。

② 精心施工，确保质量。严格按照设计图纸和技术规范操作，坚持自检、互检、交接检制度，确保工程质量。

③ 安全生产，文明施工。树立安全生产意识，严格执行安全操作规程，杜绝一切违章作业现象。维护施工现场整洁，不乱倒垃圾，做到工完场清。

④ 争做文明职工。不断提高文化素质和道德修养，遵守各项规章制度，发扬劳动者的主人翁精神，维护国家利益和集体荣誉，服从上级领导和有关部门的管理，争做文明职工。

（2）管理人员职业道德规范

① 遵纪守法，为人表率。认真学习党的路线、方针、政策，自觉遵守法律、法规和企业的规章制度，办事公道，用语文明，以诚相待。

② 钻研业务，爱岗敬业。努力学习业务知识，精通本职业务，不断提高业务素质和工作能力。爱岗敬业，忠于职守，工作认真负责，不断提高工作效率和工作能力。

③ 深入现场，服务基层。深入施工现场，调查研究，掌握第一手资料，积极主动为基层单位服务，为工程项目服务，急基层单位和工程项目之所急。

④ 团结协作，互相配合。树立全局观念和整体意识，部门之间、岗位之间做到分工不分家，搞好团结协作，遇事多商量、多通气，互相配合，互相支持，不推诿、不扯皮，不搞本位主义。

⑤ 廉洁奉公，不谋私利。树立全心全意为人民服务的公仆意识，廉洁奉公，不利用工作和职务之便吃拿卡要，谋取私利。

（3）项目经理职业道德规范

① 强化管理，争创效益。对项目的人、财、物进行科学管理，加强成本核算，实行成本否决，教育全体人员厉行节约，精打细算，努力降低物资和人工消耗。

② 讲求质量，重视安全。精心组织，严格把关，顾全大局，不为自身和小团体的利益而降低对工程质量的要求。加强劳动保护措施，对国家财产和施工人员的生命安全高度负责，不违章指挥，及时发现并坚决制止违章作业，检查和消除各类事故隐患。

③ 关心职工，平等待人。要像关心家人一样关心职工，爱护职工，特别是民工。不拖欠工资，不敲诈用户，不索要回扣，不多签或少签工程量或工资，充分尊重职工的人格，以诚相待，平等待人。改善职工的生活，保障职工的身心健康。

④ 廉洁奉公，不谋私利。发扬所主，主动接受监督，不利用职务之便谋取私利，不用公款请客送礼。如实上报施工产值、利润，不弄虚作假。不在决算定案前搞分配，不搞分光吃光的短期行为。

⑤ 用户至上，诚信服务。树立用户至上思想，事事处处为用户着想，积极采纳用户的合理要求和建议，热情为用户服务，建设用户满意工程，坚持保修回访制度，为用户排忧解难，维护企业的信誉。

（4）工程技术人员职业道德规范

① 热爱科技，献身事业。树立"科技是第一产力"的观念，敬业爱岗，勤奋钻研，追求新知，掌握新技术、新工艺不断更新业务知识，拓宽视野，忠于职守，辛勤劳动，为企业的振兴与发展贡献自己的才智。

② 深入实际，勇于攻关。深入基层，深入现场，理论和实际相结合，科研和生产相结合，把施工生产中的难点作为工作重点，知难而进，百折不挠，不断解决施工生产中的技术难题，提高生产效率和经济效益。

③ 一丝不苟，精益求精。牢固树立精心工作、求实认真的工作作风。施工中严格执行建筑技术规范，认真编制施工组织设计，做到技术上精益求精，工程质量上一丝不苟，为用户提供合格建筑产品，积极推广和运用新技术、新工艺、新材料、新设备，大力发展建筑高科技，不断提高建筑科学技术水平。

④ 以身作则，培育新人。谦虚谨慎，尊重他人，善于合作共事，搞好团结协作，既当好科学技术带头人，又甘当铺路石，培育科技事业的接班人，大力做好施工科技知识在职工中的普及工作。

⑤ 严谨求实，坚持真理。培养严谨求实、坚持真理的优良品德，在参与可行性研究时，坚持真理，实事求是，协助领导进行科学决策；在参与投标时，从企业实际出发，以合理造价和合理工期进行投标；在施工中，严格执行施工程序、技术规范、操作规程和质量安全标准，决不弄虚作假、欺上瞒下。

（5）建筑业职工文明守则（八要八不准）

八要

要热爱祖国，敬业爱岗，忠于职守，振兴企业

要团结友爱，助人为乐，言语文明，自尊自重

要遵纪守法，维护公德，诚实守信，优质服务

要精心操作，严格规程，安全生产，保证质量

要尊师爱徒，勤学苦练，同心奋进，敢于争先

要讲究卫生，净化环境，文明施工，工完场清

要提倡节俭，勤俭持家，努力增产，厉行节约

要心想用户，礼貌待人，保护财产，爱护公物

八不准

不准偷工减料，影响质量

不准违章作业，忽视安全

不准野蛮施工，噪音扰民

不准乱堆乱扔，影响质量

不准遗撒渣土，污染环境

不准乱写乱画，损坏环境

不准粗言秽语，打架斗殴

不准违反交规，妨碍秩序

1.3　职业生涯规划

哈佛大学曾对一群智力、学历、环境等客观条件都差不多的年轻人，做过一个长达25年的跟踪调查，调查内容为目标对人生的影响，结果发现：27%的人，没有目标；60%的人，目标模糊；10%的人，有清晰但比较短期的目标；3%的人，有清晰且长期的目标。25年后，这些调查对象的生活状况如下。

3%的有清晰且长远目标的人，25年来几乎都不曾更改过自己的人生目标，并向实现目标做着不懈的努力。25年后，他们几乎都成了社会各界顶尖的成功人士，他们中不乏白手起家的创业者、行业领袖、社会精英。10%的有清晰短期目标者，大都生活在社会的中上层。他们的共同特征是：那些短期目标不断得以实现，生活水平稳步上升，成为各行各业不可或缺的专业人士，如医生、律师、工程师、高级主管等。

60%的目标模糊的人，几乎都生活在社会的中下层面，能安稳地工作与生活，但都没有什么特别的成绩。

余下27%的那些没有目标的人，生活状况很不如意，经常处于失业状态，靠社会救济，并且时常抱怨他人、社会、世界。

调查者因此得出结论：目标对人生有巨大的导向性作用。

在现实生活中，很多人之所以失败就是没有瞄准一个点，持之以恒地走下去；而成功者则瞄准了这个点，并坚持走到了最后。在职业生活中，这个点就是自己所定的职业方向和目标，是人生的职业理想，只要能瞄准这个点坚持走下去，就一定能够到达胜利的彼岸。因此，确定职业方向和目标，做好自己的职业生涯规划，对我们的职业发展获得成功和实现完美人生有着重要的意义。

1.3.1 职业生涯

职业生涯即事业生涯，是指个人一生连续担负的工作职业和工作职务的发展道路。

（1）职业生涯的含义

具体讲，职业生涯就是个人一生的工作经历，是与职业相联系的行为与活动，以及相关的态度、价值观、愿望等的连续性经历的过程。

（2）职业生涯的分类

职业生涯可以分为内职业生涯和外职业生涯两大类。内职业生涯是指在职业生涯发展中通过提升自身素质与技能而获得的个人综合能力、社会地位及荣誉的总和，是别人无法替代和窃取的人生财富。外职业生涯是指从事一个职业时的工作时间、工作地点、工作单位、工作内容、工作职务与职称、工资待遇等因素的组合及其变化过程。

外职业生涯发展能促进内职业生涯发展，内职业生涯发展会带动外职业生涯发展。在职业生涯发展进程中，起关键作用的是内职业生涯。所以，对内职业生涯各因素的追求要比外职业生涯更重要。

（3）职业生涯的特性

① 差异性。每个人都有自己的职业条件，有自己的职业选择，有为实现自己的职业理想所做的努力，从而有着与别人不一样的、独特的职业生涯。

② 发展性。职业生涯是一个人连续不断的发展过程。随着时间的推移，每个人都会以不同的程度在这个过程中成熟起来。

③ 互动性。人的职业生涯是个人与他人、个人与环境、个人与社会互动的结果。

④ 可规划性。虽然职业生涯的发展过程充满了各种偶然因素，但是从长远来看，职业生涯的发展是可以规划的。职业生涯的可规划性恰恰表现在对这些偶然因素的把握上，以及克服因偶然因素导致的盲目性上。

⑤ 整合性。由于个人所从事的职业与生活之间有着密不可分的关系，所以职业生涯应具有整合性，其涵盖了人生整体发展的各个层面，而非仅仅局限于工作或职位。

⑥ 不可逆转性。由于人的自然成长是一个自然发展的过程，它必须遵守从兴到衰的规律，所以职业生涯会表现出不可逆转性。

1.3.2 职业生涯规划概述

（1）职业生涯规划的含义

职业生涯规划是指个人与组织相结合，在对自己职业生涯的主客观条件进行测定、分析、总结的基础上，对自己的兴趣、爱好、能力、特点进行综合分析与权衡，结合时代特点并根据自己的职业倾向，确定最佳的职业奋斗目标，选择职业道路，制订教育培训和发展计划，并为实现职业目标确定行动的方向、时间和方案。

职业生涯规划与职业生涯设计不同。职业生涯规划是针对个人层面的，是每个人根据自己的实际工作能力和专业知识，大致设计一个自己将要为之奋斗的目标，即自己以后要走的路。职业生涯设计是针对专家层面而言的，当个人职业生涯规划遇到困难时，可以请职业生涯规划师或职业咨询师进行科学的职业生涯设计。

（2）职业生涯规划的特性

① 可行性规划要有事实依据，要依据自身的条件和外部条件来规划，否则将会延误生涯良机。

② 适时性规划是预测未来的行动，确定将来的目标。各项主要活动何时实施，何时完成，都应有时间和时序上的妥善安排，以作为检查行动的依据。

③ 适应性规划未来的职业生涯目标会涉及很多变化的因素，因此规划应有一定的弹性，以适应变化的条件。

④ 连续性人生如同台阶，需要一步一步地发展。所以，在规划职业生涯时，应保证人生的每个阶段能衔接连贯、持续发展。

（3）职业生涯规划的分类

职业生涯规划贯穿于人的一生。按照规划的时间和维度，职业生涯规划可以分为短期规划、中期规划、长期规划和人生规划四种类型，具体见表1-8。

表1-8　职业生涯规划的分类

类型	内容
短期规划	两年以内的规划，主要是确定近期目标，制订近期应完成的任务计划
中期规划	2～5年内的规划，主要是确定2～5年内的职业目标与任务，并制订为实现这一目标所采取的具体措施。这是职业生涯规划中最常用的一种
长期规划	5～10年的规划，主要制订比较长远的目标
职业规划	对整个职业生涯的规划，时间跨度可达40年左右，是制订整个职业生涯的发展目标
人生规划	对人生的规划，时间跨度可达人的一辈子，是制订整个人生的发展目标

（4）职业生涯规划的意义

① 促进个人树立明确的职业发展目标与方向。通过职业生涯规划，可以帮助个人对自我进行全面的分析，充分地认识自己、了解自己，并能正确地评估自己的优势与不足，形成较明确的职业意向，从而准确定位职业方向，树立明确的职业发展目标与理想。只有有了明确的目标，才能激励人们去奋斗，并积极创造条件去实现目标。

② 引导个人发挥潜能，把握成功的机会。一个人的潜在能力是巨大的，需要充分地去挖掘和发挥。通过职业生涯规划，可以明确自我职业发展的方向与目标，引导个人集中精力、全神贯注地学习与工作，尽可能抓住每一次机会多角度地去发掘潜能，充分发挥自己的才干，克服职业生涯发展中的困难，促使自己向着规划的目标与方向努力前进，从而逐步实现规划内容，走向事业的成功，实现人生的价值。

③ 增强个人在就业与创业中的核心竞争力。当今社会处在变革的时代，职场活动充满了激烈的竞争。物竞天择，适者生存。通过职业生涯规划，可以增强个人在就业与创业中

的核心竞争力，使个人在毕业后的就业与创业活动中少走弯路，节省时间和精力，让自己成为有准备的人，使就业与创业的效果更好、更经济、更科学。因此，未雨绸缪，做好职业生涯规划，才能在竞争激烈的职业活动中脱颖而出，并立于不败之地。

④ 帮助个人对生活与工作进行适当调整。当职业发生变化时，职业生涯规划可以帮助个人处理好家庭与朋友、工作与个人爱好之间的关系，适当调整规划目标，以做出更好的职业选择。这样能使个人更加理智地认识自己、认识社会，进一步弄清自己适合什么职业，过什么样的生活。

1.3.3 职业生涯规划的制订

进行职业生涯规划，并不只是帮助个人按照自己的资历条件找到一份工作，进而达到实现个人的目标，而是帮助个人详尽估量主客观条件和内外环境的优势与限制，真正了解自己，在"衡外情量己力"的情形下，把"我想做的事情""我能做的事情"和"我应该做的事"有机地结合起来，规划出符合自己的特点、合理而又可行的职业生涯发展方向，为自己定下事业大计，使自己的优势得到最大程度的发挥，在工作中不断达成一个个小目标，体验到成功的快乐，实现工作的价值和人生的意义。

（1）职业生涯规划制订的基本原则

在制订职业生涯规划时，既要充分考虑到个人的特点，又要注重内容的丰富多彩和形式选择的变化多样，同时也需遵循一些有效的原则。

① 梦想和现实结合原则。职业生涯规划既要遵从内心的梦想，也要从实际出发，充分考虑个人、社会和行业、企业的环境等相关的因素，选择梦想与现实的结合和平衡。

② 全程性原则。职业生涯规划应考虑到自身职业生涯发展的整个历程，从整体的角度全盘考虑，保证每个职业生涯发展阶段的持续连贯性。职业生涯各阶段的规划目标应与人生总体规划相一致。

③ 清晰性原则职业。进行职业生涯规划时，对各阶段所选择的职业或工作岗位，就业地区，奋斗目标应该清晰、明确，做到心中有数，实现目标的措施、手段、步骤应具体可行，规划中的各个阶段、目标实现、措施实施等都应制订明确的时间限制或标准。

④ 挑战性原则。职业生涯规划要在现实可行的基础上具有一定的挑战性，制订的规划目标、实现措施要有一定的高度和难度，个人必须要付出努力才能完成。只有这样才能更好地激励自己，做成之后才会有较大的成就感。

⑤ 协作性原则。职业生涯规划中的个人目标应和他人的目标具有合作性、协调性，个人目标应与企业组织发展目标协调一致，也应与家庭、社会的需要协调一致。

⑥ 发展性原则。职业生涯规划是预测未来的行动，将来内外环境的变迁、个人条件的变化，都会对职业生涯规划产生影响，因此在制订职业生涯规划的目标和各项实施措施时，应充分考虑各种变化发展的因素，使规划的目标和措施具有一定的弹性或缓冲性，能够根据变化发展的条件做出适当的调整。

（2）制订职业生涯规划的步骤

① 确定志向。志向是事业成功的基本前提。没有志向，事业的成功也就无从谈起。所以，在制订职业生涯规划时，首先要确立志向，即确定自己职业生涯的方向，选定自己将来要从事的职业。这是制订职业生涯规划的关键，也是职业生涯规划中最重要的一点。确

定志向需要注意以下几个问题。

a. 自己志向清晰的，可以根据志向来选择职业。比如，周总理从小立志为"中华之崛起而读书"，他从青少年时期的学习、青年入党参加革命和参与创建新中国、中年全面参与领导中国的建设直到生命最后一刻。周总理的一辈子，始终立在他的志向上，不断持续践行他的人生理想，为人民谋幸福，为民族崛起而奋斗，实现自己的人生价值，最终成为全国人民心中的楷模，在中国发展史上留下灿烂的一笔！我们也可以立下自己的人生志向，做出自己的规划，做好职业选择，一步一步实现自己的理想。

b. 结合所学专业确定志向。实际上，我们在选择学校和填报志愿时就已经选定了自己的职业，确立了明确的职业方向。学生在校都要经过具体的专业学习和训练，每个专业都有一定的培养目标和就业方向，这是进行职业生涯规划的基本依据。用人单位对毕业生的需求，一般首先选择的是毕业生某专业方面的特长。职业技术院校学生迈入社会后的劳动贡献，主要靠运用所学的专业知识和专业技能来实现，如果职业生涯规划离开了所学专业，将来所从事的职业不是自己所学的专业，在参加工作后就要重新"补课"，这会给自己的时间和精力带来很大的浪费，无形中为自己的工作和生活增加了许多负担。同时也会直接影响到将来的就业与创业，为自己实现职业理想与人生价值增加难度，这对个人职业发展是极为不利的。因此，在校期间所学的专业知识要扎实、广博，对专业技能的掌握要熟练。同时还应拓宽专业知识面，掌握或了解与本专业相关、相近的若干专业知识和技术。

c. 职业方向需明确。一个人不能同时有很多方向，人的时间与精力是有限的，只能在特定的一个或几个限制职业中谋求成功。在确定职业方向的时候，一定要理解自己所学专业的意义，明确将来所从事的特定职业对自己人生的意义，思考自己可能在这一特定职业中担任的职务及发展前景，不要过多思考与自己的专业无关或相差甚远的其他职业，不要在同一时期确立很多的职业方向。

d. 明确方向以后要持续努力。一旦根据自己的专业确定了职业方向，就要坚定自己的方向，不要轻易改变。"人们眼中的天才之所以卓越非凡，并非天资超人一等，而是付出了持续不断的努力。1 万小时的锤炼是任何人从平凡变成世界级大师的必要条件。"这是由美国畅销书作家丹尼尔·科伊尔提出的《一万小时天才理论》。这也是很多专业的优秀人才验证有效的规律。任何行业，挖深做精都能探索出属于自己的路。

② 自我评估和外界评估。通过对自己的性格、兴趣特长、学识、技能、思维、道德水准以及社会中的自我等进行客观的评价，结合外界社会环境、行业趋势、职业特点、企业文化和环境，做出综合评估，确定短中期的职业目标。

③ 确定目标。通过清晰志向和综合评估以后，确立合适的目标特别重要。目标包括：短、中、长期目标和人生目标。适合的目标，指的是想自己内心想要的、具有一定挑战性又不是遥不可及的，"跳一跳"就能够着的目标。专注于目标做的规划，才能真正有效地促进自己职业生涯的发展，取得事业的成功。制订职业生涯规划，重点要做好短、中期规划。

④ 实施策略。确定目标以后，要想目标能落地执行，需要有详细清晰的行动方案。个人可以根据自己的目标，结合自己的实际情况制订达成目标的行动方案。方案就是具体的行动安排，可以按照时间节点制订年计划、月计划、周计划、日计划等，细化有助于执行。

⑤ 行动修正。想得再多，不如做到一步。在做的过程中，一步一步去实现制订好的方案。同时，在做到的过程中，因为外界环境和自身方面都会发展变化，需要不断修正调整方案，一步步达成计划，创造属于自己的美好。

第 **2** 章

钢筋工基础知识

教学目标

知识目标	掌握识图基本知识，掌握钢筋原材料基本性能，掌握机械安全操作规程，掌握安全、环保知识，了解相关法律法规。
技能目标	能掌握识图技能，正确安全操作机械，提升安全意识和规范意识。
思政目标	精益求精、做到极致。 精益求精、做到极致是工匠精神的理念。它是在技术精湛的前提下，始终保持对产品品质的完美追求，在细节的处理上不吝花费时间和功夫，态度严肃、作风谨慎，工作细致、细节周全，不骄傲、不满足，这是一种对自己所生产的产品精雕细琢的要求，是一种执着追求完美的精神，是把细节做到极致的过程。

2.1 识图知识

2.1.1 建筑工程施工图概述

建筑工程施工图是一种能够准确表达建筑物的外形轮廓、大小尺寸、结构形式、构造方法和材料做法的图样，是沟通设计和施工的桥梁。

（1）施工图的分类

由于专业分工的不同，施工图一般分为建筑施工图、结构施工图和设备施工图。

① 建筑施工图（简称建施）。主要说明建筑物的总体布局、外部造型、内部布置、细部构造、装饰装修和施工要求等。其图纸主要包括总平面图、建筑平面图、建筑立面图、建筑剖面图、建筑详图等。

② 结构施工图（简称结施）。主要说明建筑的结构设计内容，包括结构构造类型，结构的平面布置，构件的形状、大小、材料要求等。其图纸主要有结构平面布置图、构件详图等。对于钢筋工来说，识图的重点在于对结构施工图的识读。

③ 设备施工图（简称设施）。包括给水、排水、采暖通风、电气照明等各种施工图，主要有平面布置图、系统图等。

（2）施工图的编排顺序

一套建筑施工图往往有几十张，甚至几百张，为了便于看图，便于查找，应当把这些图纸按顺序编排。

建筑施工图的一般编排顺序是：图纸目录、施工总说明、建筑施工图等。

各专业的施工图，应按图纸内容的主次关系进行排列。例如：基本图在前，详图在后；布置图在前，构件图在后；先施工的图在前，后施工的图在后等。

2.1.2 结构施工图的识读

结构施工图表示房屋的各承重构件（如基础、梁、板、柱）等的布置、形状、大小、材料、构造及相互关系，也是建筑施工的技术依据。结构施工图一般包括结构平面布置图（如基础平面图、楼层平面图、屋面结构平面图）、结构构件详图（梁、板、柱及基础结构详图）及结构设计说明书。

（1）基础图

基础图包括基础平面图和基础详图。基础平面图只表明基础的平面布置，而基础详图是基础的垂直断面图，见图 2-1，用来表明基础的细部形状、大小、材料、构造及埋置深度等。

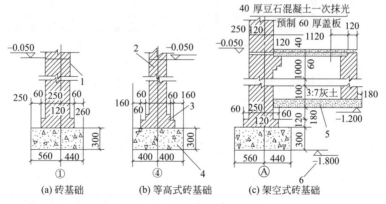

图 2-1　条形砖基础剖面图

1—防潮层；2—砖基础；3—大放脚；4—混凝土垫层；5—灰土；6—基础埋深标高

① 阅读基础平面图应注意了解以下内容。

a. 轴线编号、尺寸，它必须与建筑平面图完全一致。

b. 了解基础轮廓线尺寸与轴线的关系。为独立基础时，应注意基础和基础梁的编号。

c. 了解预留沟槽、孔洞的位置及尺寸。有设备基础时，还应了解其位置、尺寸。

通过了解剖切线的位置，掌握基础变化的连续性。

② 阅读基础详图时应了解以下基本内容。

a. 基础的具体尺寸（即断面尺寸）、构造做法和所用的材料。

b. 基底标高、垫层的做法、防潮层的位置及做法。

c.预留沟槽、孔洞的标高、断面尺寸及位置等。

结构设计说明书应说明主要设计依据，如地基承载力、地震设防烈度、构造柱和圈梁的设计变化、材料的标号、预制构件统计表及施工要求等。

（2）楼层结构平面布置图及剖面图

楼层结构的类型很多，一般常见的分为装配式楼层、现浇楼层以及叠合楼层。

① 叠合楼层结构平面布置图，它作为施工叠合板用图。其内容一般包括预制底板平面布置图、现浇层配筋图、水平后浇带或圈梁布置图等。阅读时应配合阅读，见图2-2。

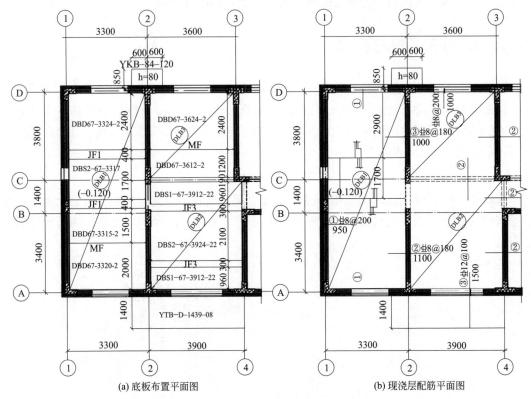

(a) 底板布置平面图　　　　(b) 现浇层配筋平面图

图2-2　叠合楼层板结构平面图

预制底板平面布置图中需要标注叠合板编号、预制底板编号、各块预制底板尺寸和定位。如图2-2所示，图（a）为预制底板布置平面图，DBS表示双向板底板相关信息，DBD表示单向板相关信息，JF表示接缝相关信息，MF表示密拼接缝；图（b）为现浇层配筋平面图，DLB表示叠合楼板，表示方法见22G101-1的"有梁楼盖板平法施工图的表示方法"。

② 现浇楼层结构平面布置图及剖面图。主要为现场支模板、浇筑混凝土制作梁板等用。其内容包括平面布置图、剖面图、钢筋表等。阅读图样时同样应与相应的建筑平面图及墙身剖面图配合阅读。

现浇楼层结构平面图主要标注轴线号、轴线尺寸、梁的位置和编号、板的厚度和标高及配筋情况。如图2-3所示，现浇板LB2的下部筋为X向布置 Φ10@150，Y向布置 Φ8@150，上部X向支座负筋布置为 Φ8@200和 Φ10@150，Y向支座布置钢筋 Φ8@150和 Φ8@100。

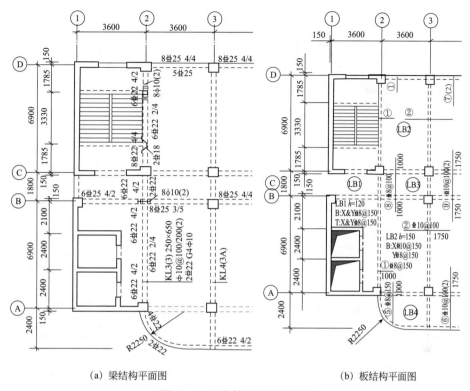

(a) 梁结构平面图　　　　　　　　(b) 板结构平面图

图 2-3　现浇楼层结构平面图

（3）钢筋图示方法及尺寸标注

① 图示方法。为了突出表示钢筋的配置情况，在构件结构图中，把钢筋画成粗实线，构件的外形轮廓线画成细实线，在构件的断面图中，钢筋的截面则画成粗圆点。另外还要标注钢筋的编号，同类型的钢筋可采用同一钢筋编号。编号的方法是在该钢筋上画一条引出线，在其另一端画直径为 6mm 细线圆圈，在圆圈内写上钢筋的编号。然后在引出线的水平部分上标注钢筋的尺寸（图 2-4）。表 2-1 列出了钢筋的画法。

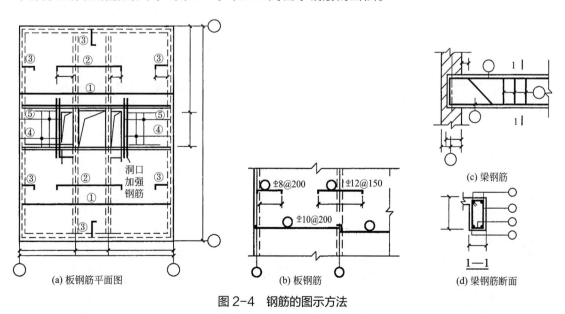

(a) 板钢筋平面图　　　　　(b) 板钢筋　　　　　(c) 梁钢筋
　　　　　　　　　　　　　　　　　　　　　　　　(d) 梁钢筋断面

图 2-4　钢筋的图示方法

表 2-1　钢筋的画法

序号	说明	图例
1	在结构平面图中配置双层钢筋时，底层钢筋的弯钩应向上或向左，顶层钢筋的弯钩则向下或向右	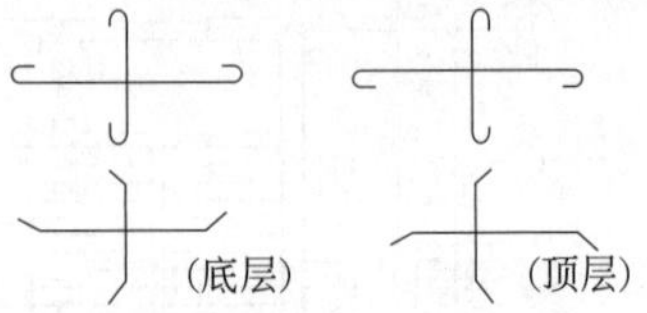 （底层）　　　（顶层）
2	钢筋混凝土墙体配双层钢筋时，在配筋立面图中，远面钢筋的弯钩应向上或向左，而近面钢筋的弯钩向下或向右（JM 近面，YM 远面）	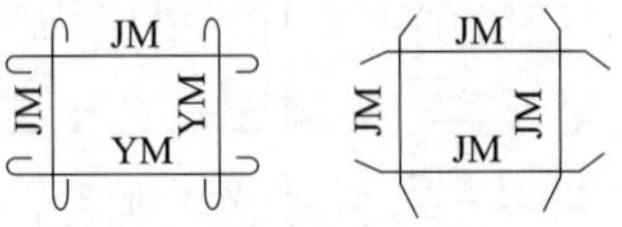 JM YM JM YM
3	若在断面图中不能表达清楚的钢筋布置，应在断面图外增加钢筋大样图（如钢筋混凝土墙、楼梯等）	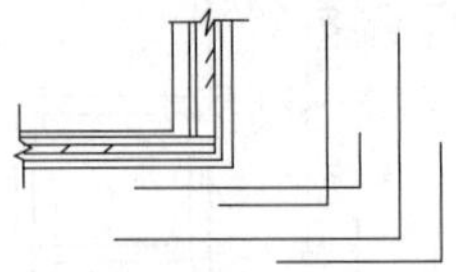
4	图中所表示的箍筋、环筋等若布置复杂时，可加画钢筋大样及说明	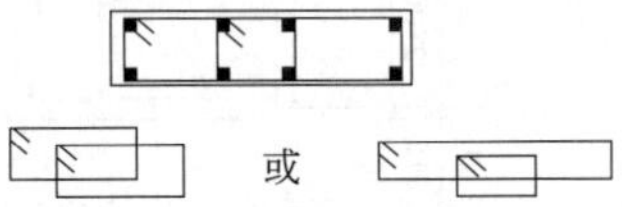 或
5	每组相同的钢筋、箍筋或环筋，可用一根粗实线表示，同时用一两端带斜短划线的横穿细线，表示其余钢筋及起止范围	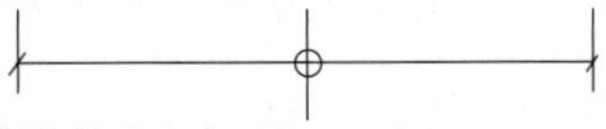

② 尺寸标注。钢筋的直径、数量或相邻钢筋中心距一般采用引出线方式标注，其尺寸标注有下面两种形式。

a. 标注钢筋的根数和直径，如梁内受力筋和架立筋（图 2-5）。

b. 标注钢筋的直径和相邻钢筋中心距，如梁、柱内箍筋和板内钢筋（图 2-6）。

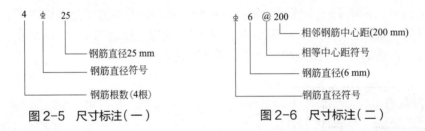

4 Φ 25
　钢筋直径25 mm
　钢筋直径符号
　钢筋根数（4根）

图 2-5　尺寸标注（一）

Φ 6 @ 200
　相邻钢筋中心距（200 mm）
　相等中心距符号
　钢筋直径（6 mm）
　钢筋直径符号

图 2-6　尺寸标注（二）

钢筋简图中的尺寸，受力筋的尺寸按外皮尺寸标注，箍筋的尺寸按内包尺寸标注，见图 2-7。

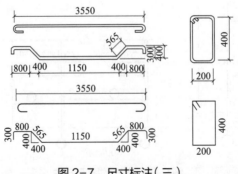

图 2-7　尺寸标注（三）

2.2 建筑钢筋的分类

钢筋广泛应用于建筑工程中，其名称种类很多，通常有以下几种分类方法。

2.2.1 按钢筋的化学成分分类

钢筋按照其化学成分可分为低碳素钢钢筋和普通低合金钢钢筋。

① 低碳素钢钢筋。工程中的常用钢筋，由碳素钢轧制而成，含碳量小于 0.25%。如建筑工程中使用的光圆钢筋、螺纹钢筋都是由碳素钢轧制而成的。

② 普通低合金钢钢筋。普通低合金钢钢筋是采用低合金钢轧制而成的，也是建筑工程中的常用钢种，如 $45Si_2Mn$，它表示是平均含碳量为 0.45%、平均含硅量为 1.5%～2.5%、平均含锰量小于 1.5% 的低合金钢钢筋。

2.2.2 按钢筋在构件中的作用分类

钢筋在构件中的分布见图 2-8。

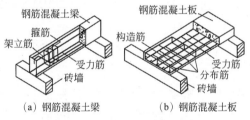

（a）钢筋混凝土梁　　（b）钢筋混凝土板

图 2-8　钢筋在构件中的分布

钢筋按其在构件中的作用分为受力钢筋和构造钢筋。

① 受力钢筋。受力钢筋是指在外部荷载作用下，通过计算得出的构件所需配置的钢筋。包括受拉钢筋、受压钢筋、弯起钢筋等。

② 构造钢筋。构造钢筋是指因构件的构造要求和施工安装需要配置的钢筋，架立筋、分布筋等都属于构造钢筋。

2.2.3 按钢筋外形分类

钢筋按外形分为光圆钢筋、带肋钢筋、钢丝、钢绞线。

① 光圆钢筋。光圆钢筋是轧制为光面圆形截面的钢筋。

② 带肋钢筋。带肋钢筋又分为月牙肋钢筋和等高肋钢筋等（图 2-9）。

③ 钢丝。钢丝是钢材的板、管、型、丝四大品种之一，是用热轧盘条经冷拉制成的再加工产品。按断面形状分类，主要有

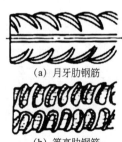

（a）月牙肋钢筋

（b）等高肋钢筋

图 2-9　带肋钢筋

圆、方、矩、三角、椭圆、扁、梯形、Z 字形等；按尺寸分类，有特细＜ 0.1mm、较细 0.1 ～ 0.5mm、细 0.5 ～ 1.5mm、中等 1.5 ～ 3.0mm、粗 3.0 ～ 6.0mm、较粗 6.0 ～ 8.0mm、特粗＞ 8.0mm；按强度分类，有低强度＜ 390MPa、较低强度 390 ～ 785MPa、普通强度 785 ～ 1225MPa、较高强度 1225 ～ 1960MPa、高强度 1960 ～ 3135MPa、特高强度＞ 3135MPa；按用途分类，有普通质量钢丝、专用钢丝、纺织工业用钢丝、制绳钢丝、弹簧钢丝、结构钢丝、不锈钢丝、电阻合金丝等。

④ 钢绞线。钢绞线是由多股钢丝绞合而成的粗线缆。

2.2.4 按生产工艺分类

钢筋按生产工艺分为热轧钢筋、余热处理钢筋、冷轧带肋钢筋、预应力混凝土用钢丝及钢绞线。

（1）热轧钢筋

钢筋混凝土用热轧钢筋根据其表面特征又分为光圆钢筋和带肋钢筋。

钢筋混凝土用热轧光圆钢筋由低碳钢轧制而成，其牌号分为 HPB235 和 HPB300 两种。塑性及焊接性好，便于各种冷加工，广泛用作钢筋混凝土构件的受力筋和构造筋。

钢筋混凝土用热轧带肋钢筋又分为普通热轧带肋钢筋和细晶粒热轧带肋钢筋。普通热轧带肋钢筋牌号分为 HRB335、HRB400、HRB500 三种；细晶粒热轧带肋钢筋牌号分为 HRBF335、HRBF 400、HRBF 500 三种。其中 H 表示"热轧"，R 表示"带肋"，B 表示"钢筋"，F 表示"细晶粒"。

热轧带肋钢筋强度高，广泛应用于大中型钢筋混凝土结构的受力钢筋。

（2）余热处理钢筋

余热处理钢筋是经热轧后立即穿水，进行表面控制冷却，然后利用芯部余热自身完成回火处理所得的成品钢筋。余热处理钢筋应符合《钢筋混凝土用余热处理钢筋》（GB 13014—2013）的规定。余热处理钢筋的表面形状同热轧带肋钢筋，强度等级代号为 RRB400。

（3）冷轧带肋钢筋

冷轧带助钢筋是采用由普通低碳钢或低合金钢热轧的圆盘条为母材，经冷轧减径后在其表面冷轧成二面或三面有肋的钢筋。

《冷轧带肋钢筋》（GB 13788—2017）规定，冷轧带肋钢筋按抗拉强度分为六级，其代号为 CRB550、CRB650、CRB800、CRB600H、CRB680H、CRB800H，其中 C、R、B 分别表示"冷轧""带肋"和"钢筋"三个词的英文首位字母，后面的数字表示钢筋抗拉强度等级数值。

冷轧带肋钢筋的公称直径范围为 4 ～ 12mm，同时，当进行冷弯试验时，受弯曲部位表面不得产生裂纹。钢筋的强屈比 $R_m/R_{p0.2}$ 应不小于 1.05。

冷轧带肋钢筋具有以下优点：①强度高，塑性好；②握裹力强。混凝土对冷轧带肋钢筋的握裹力为同直径冷拔钢丝的 3 ～ 6 倍；③节约钢材，降低成本；④提高构件整体质量。

冷轧带肋钢筋将逐步取代冷拔低碳钢丝，其中 CRB550、CRB600H 级钢筋宜用作钢筋混凝土结构构件的受力主筋、架立筋和构造钢筋。其他牌号钢筋宜用作预应力钢筋混凝土结构构件的受力主筋。

（4）预应力混凝土用钢丝及钢绞线

大型预应力混凝土构件，由于受力很大，常采用高强度钢丝或钢绞线作为主要受力钢筋。预应力高强度钢丝是用优质碳素结构钢盘条，经酸洗、数控冷拉或经回火处理等工艺制成。钢绞线是由 2 根、3 根或 7 根直径为 2.5 ～ 5.0mm 的高强度钢丝，绞捻后经一定热处理清除内应力而制成。绞捻方向一般为左捻。

根据《预应力混凝土用钢丝》（GB/T 5223—2014）规定，钢丝按加工状态分为数控冷拉钢丝和消除应力钢丝两类。消除应力钢丝按松弛性能又分为低松弛级钢丝和普通松弛级钢丝。冷拉钢丝代号为 WCD，低松弛钢丝代号为 WLR，普通松弛钢丝代号为 WNR；按外形分为光圆钢丝（P）、螺旋肋钢丝（H）、刻痕钢丝（I）。

预应力混凝土用钢丝具有强度高、柔性好、无接头等优点。施工简便，不需数控冷拉、焊接接头等加工，而且质量稳定、安全可靠，它主要用于大跨度吊车梁、桥梁、电杆、轨枕等的预应力钢筋。

根据《预应力混凝土用钢绞线》（GB/T 5224—2014）的规定，钢绞线整根破坏最大负荷可达 300kN，屈服负荷最大可达 255kN。钢绞线主要用于大跨度、大负荷的后张法预应力屋架、桥梁和薄腹梁等结构的预应力筋。

（5）冷轧扭钢筋

冷轧扭钢筋是由普通低碳钢热轧圆盘条经冷轧扭工艺加工而成的螺旋状"冷加工变形钢筋"。

冷轧扭钢筋按截面形状的不同分为三类：近似矩形截面为 I 型，近似正方形截而为 II 型，近似圆形截面为 III 型。按强度等级的不同可分为两级：CTB550 和 CTB650。

加工生产的冷轧扭钢筋应为连接的螺旋形，表面应光滑，不得有裂缝、折叠夹层等，亦不得有深度超过 0.2mm 的压痕或凹坑。

2.3 加工机械安全操作常识

2.3.1 钢筋切断机安全操作要求

① 机械未达到正常转速时，不得切料。切料时，应使用切刀的中、下部位。紧握钢筋对准刃口迅速投入，操作者应站在固定刀片一侧用力压住钢筋，应防止钢筋末端弹出伤人。严禁用两手在刀片两边握住钢筋俯身送料。

② 不得剪切直径及强度超过机械铭牌规定的钢筋和烧红的钢筋。一次切断多根钢筋时，其总截面积应在规定范围内。

③ 切断短料时，手和切刀之间的距离应保持在 150mm 以上，如手握端小于 400mm 时，应采用套管或夹具将钢筋短头压住或夹牢。

④ 运转中严禁用手直接清除切刀附近的断头和杂物。钢筋摆动周围和切刀周围，不得停留非操作人员。

2.3.2 钢筋弯曲机安全操作要求

① 应按加工钢筋的直径和弯曲半径的要求，装好相应规格的芯轴和成型轴、挡铁轴。芯轴直径应为钢筋直径的 2.5 倍。挡铁轴应有轴套，挡铁轴的直径和强度不得小于被弯钢筋的直径和强度。

② 作业时，应将钢筋需弯曲一端插入转盘固定销的间隙内，另一端紧靠机身固定销，并用手压紧；应检查机身固定销并确认安放在挡住钢筋的一侧，方可开动。

③ 作业中，严禁更换轴芯、销子和变换角度以及调整，也不得进行清扫和加油。

④ 对超过机械铭牌规定直径的钢筋严禁进行弯曲。不直的钢筋不得在弯曲机上弯曲。

⑤ 在弯曲钢筋的作业半径内和机身不设固定销的一侧严禁站人。

⑥ 转盘换向时，应待停稳后进行。

⑦ 作业后应及时清除转盘及插入座孔内的铁锈、杂物等。

2.3.3 钢筋调直切断机安全操作要求

① 应按调直钢筋的直径，选用适当的调直块及传动速度。调直块的孔径应比钢筋直径大 2 ～ 5mm，传动速度应根据钢筋直径选用，直径大的宜选用慢速，经调试合格，方可作业。

② 在调直块未固定、防护罩未盖好前不得送料。作业中严禁打开各部防护罩及调整间隙。

③ 当钢筋送入后，手与轮应保持一定的距离，不得接近。

④ 送料前应将不直的钢筋端头切除。导向筒前应安装一根 1m 长的钢管，钢筋应穿过钢管再送入调直机前端的导孔内。

2.4 安全知识

2.4.1 钢筋工施工安全基本知识

（1）施工现场安全生产的基本特点

① 建筑产品的多样性。建筑结构是多样的，有混凝土结构、钢结构、木结构等；规模是多样的，从几百平方米到数百万平方米不等；建筑功能和工艺方法也同样是多样的。

建造不同的建筑产品，对人员、材料、机械设备、防护用品、施工技术等有不同的要求，而且建筑现场环境也千差万别，这些差别决定了建设过程中总会面临新的建筑安全问题。

② 施工条件的多变性。随着施工的推进，施工现场会从最初的地下十几米的深基坑变成耸立几百米的大楼。建设过程中的周边环境、作业条件、施工技术都在不断变化，包含着较高的风险。

③ 施工环境的危险性。建筑施工的高耗能，施工作业的高强度，施工现场的噪声、热量、有害气体和尘土等，以及施工工作露天作业，这些都是工人经常面对的不利工作环境的负荷。严寒和高温使得工人体力和注意力下降，雨雪天气会导致工作面的湿滑，这些都

容易导致事故的发生。

④ 施工人员的流动性。建筑业属于劳动密集型行业，需要大量的人力资源。工人与施工单位间的短期雇佣关系，造成施工单位对施工作用培训严重不足，使得施工人员违章操作时有发生。

（2）工人上岗的基本安全要求

① 新工人上岗前必须签订劳动合同，《中华人民共和国劳动法》规定：建立劳动关系应当订立劳动合同。劳动合同是劳动者与用人单位确立劳动关系、明确双方权利和义务的协议。

② 新工人上岗前的"三级"教育记录。新进场的劳动者必须经过上岗前的三级安全教育，即公司教育、项目部教育、班组教育。教育时间分别不少于15学时、15学时、20学时。有条件的企业应建立"民工安全流动学校"，加强对职工的安全教育，经统一考核、统一发证后，方可上岗。

③ 重新上岗、转岗应接受安全教育。转换工作岗位和离岗后重新上岗人员，必须重新经过三级安全教育后才允许上岗工作。同时各个工种（瓦工、木工、钢筋工、中小型机械操作工等）应熟悉各自的安全操作规程。

④ 特种作业是指对操作者和其他工种作业人员以及对周围设施的安全有重大危险因素的作业。特种作业人员包括：建筑电工；建筑焊工（含焊接工、切割工）；建筑普通脚手架架子工；建筑附着升降脚手架架子工；建筑起重信号司索工（含指挥）；建筑塔式起重机司机；建筑施工升降机司机；建筑物料提升机司机；建筑塔式起重机安装拆卸工；建筑施工升降机安装拆卸工；建筑物料提升机安装拆卸工；高处作业吊篮安装拆卸工。

⑤ 特种作业操作证资格证书有效期为两年。有效期满需要延期的，建筑施工特种作业人员应当于期满前3个月内向原考核发证机关申请办理延期复核手续。延期复核合格的，资格证书有效期延期2年。

⑥《中华人民共和国劳动法》规定：从事特种作业的劳动者，必须经过专门培训，并取得特种作业资格。

（3）进入施工现场的基本安全纪律

① 进入施工现场必须戴好安全帽，系好帽带，并正确使用个人劳动防护用品。

② 穿拖鞋、高跟鞋、赤脚或赤膊不准进入施工现场。

③ 未经安全教育培训合格不得上岗，非操作者严禁进入危险区域；特种作业必须持特种作业资格证上岗。

④ 凡2m以上的高处作业无安全设施，必须系好安全带；安全带必须先挂牢后再作业。

⑤ 高处作业材料和工具等物件不得上抛下掷。

⑥ 穿硬底鞋不得进行登高作业。

⑦ 机械设备、机具使用必须做到"定人、定机、定岗"制度；未经有关人员同意，非操作人员不得使用。

⑧ 电动机械设备，必须有漏电保护装置和可靠保护接零，方可启动使用。

⑨ 未经有关人员批准，不得随意拆除安全设施和安全装置；因作业需要拆除的，作业完毕后，必须立即恢复。

⑩ 井字架吊篮、料斗不准乘人。

⑪ 酒后不准上班作业。

⑫ 作业前应对相关的作业人员进行安全技术交底。

2.4.2 现场施工安全操作基本规定

（1）杜绝"三违"现象

员工遵章守纪，是实现安全生产的基础。员工在生产过程中，不仅要有熟练的技术，而且必须自觉遵守各项操作规程和劳动纪律，远离"三违"，即违章指挥、违章操作、违反劳动纪律。

① 违章指挥。指企业负责人和有关管理人员法治观念淡薄，缺乏安全知识，思想上存有侥幸心理，对国家、集体的财产和人民群众的生命安全不负责任，明知不符合安全生产有关条件，仍指挥作业人员冒险作业。

② 违章作业。指作业人员没有安全生产常识，不懂安全生产规章制度和操作规程，或者在知道基本安全知识的情况下，在作业过程中，违反安全生产规章制度和操作规程，不顾国家、集体的财产和他人、自己的生命安全，擅自作业，冒险蛮干。

③ 违反劳动纪律。指上班时不遵守劳动纪律，进行冒险作业，造成不安全因素。

（2）牢记"三宝"和"四口、五临边"

①"三宝"指安全帽、安全带、安全网。安全帽、安全带、安全网是工人的三件宝，只有正确佩戴和使用，才可以保证个人安全。

②"四口"指楼梯口、电梯井口、预留洞口、通道口。"五临边"是指尚未安装栏杆的阳台周边、无外架防护的层面周边、框架工程楼层周边、上下跑道及斜道的两侧边、卸料平台的侧边。

"四口""五临边"是施工现场最危险和最容易发生事故的地方，因此对施工现场重要危险部位进行正确的防护，可以有效地减少事故发生，为工人作业提供一个安全的环境。

（3）做到"三不伤害"

"三不伤害"是指不伤害自己、不伤害他人、不被他人伤害。

施工现场每一个操作人员和管理人员都要增强自我保护意识，同时也要对安全生产自觉负起监督的责任，才能达到全员安全的目的。

施工时经常有上下层或者不同工种、不同队伍互相交叉作业的情况，要避免这时发生危险。相互间协调好，上层作业时，要对作业区域围蔽，有人值守，防止人员进入作业区下方。

落物伤人也是工地经常发生的事故之一，进入施工现场一定要戴好安全帽。作业过程中，观察周围，不伤害他人，也不被他人伤害，这是工地安全的基本原则。自己不违章，只能保证不伤害自己，不伤害别人。要做到不被别人伤害，就要及时制止他人违章。制止他人违章既保护了自己，也保护了他人。

（4）加强"三懂三会"能力

"三懂三会"即懂得本岗位和部门有什么火灾危险性，懂得灭火知识，懂得预防措施；会报火警，会使用灭火器材，会处理初起火灾。

（5）掌握"十项安全技术措施"

① 按规定使用安全"三宝"。

② 机械设备防护装置一定要齐全有效。

③ 塔吊等起重设备必须有限位保险装置，不准带病运转，不准超负荷作业，不准在运转中维修保养。

④ 架设电线线路必须符合当地电业局的规定，电气设备必须全部接零接地。

⑤ 电动机械和手持电动工具要设置漏电保护器。

⑥ 脚手架材料及脚手架的搭设必须符合规程要求。

⑦ 各种缆风绳及其设置必须符合规程要求。

⑧ 在建工程的楼梯口、电梯口、预留洞口、通道口，必须有防护措施。

⑨ 严禁赤脚或穿高跟鞋、拖鞋进入施工现场，高空作业不准穿硬底和带钉易滑的鞋靴。

⑩ 施工现场的悬崖、陡坎等危险地区应设警戒标志，夜间要设红灯示警。

（6）施工现场行走或上下的"十不准"

① 不准从正在起吊运吊中的物件下通过。

② 不准从高处往下跳或奔跑作业。

③ 不准在没有防护的外墙和外壁板等建筑物上行走。

④ 不准站在小推车等不稳定的物体上操作。

⑤ 不得攀登起重臂、绳索、脚手架、井字架、龙门架和随同运料的吊盘及吊装物上下。

⑥ 不准进入挂有"禁止出入"或设有危险警示标志的区域、场所。

⑦ 不准在重要的运输通道或上下行走通道上逗留。

⑧ 未经允许不准私自进入非本单位作业区域或管理区域，尤其是存有易燃、易爆物品的场所。

⑨ 严禁在无照明设施、无足够采光条件的区域、场所内行走、逗留。

⑩ 不准无关人员进入施工现场。

（7）做到"十不盲目操作"

做到"十不盲目操作"，是防止违章和事故的基本操作要求。

① 新工人未经三级安全教育，复工换岗人员未经安全岗位教育，不盲目操作。

② 特殊工种人员、机械操作工未经专门安全培训，无有效安全上岗操作证，不盲目操作。

③ 施工环境和作业对象情况不清，施工无安全措施或作业安全交底不清，不盲目操作。

④ 新技术、新工艺、新设备、新材料、新岗位无安全措施，未进行安全培训教育、交底，不盲目操作。

⑤ 安全期和作业所必需的个人防护用品不落实，不盲目操作。

⑥ 脚手架、吊篮、塔吊、井字架、龙门架、外用电梯、起重机械、电焊机、钢筋机械、木工平刨、圆盘锯、搅拌机、打桩机等设施设备和现浇混凝土模板支撑、搭设安装后，未经验收合格，不盲目操作。

⑦ 作业场所安全防护措施不落实，安全隐患不排除，威胁人身和国家财产安全时，不盲目操作。

⑧ 凡上级或管理干部违章指挥，有冒险作业情况时，不盲目操作。

⑨ 高处作业、带电作业、禁火区作业、易燃易爆作业、爆破性作业、有中毒或窒息危险的作业和科研实验等其他危险作业的，均应由上级指派，并经安全交底；未经指派批准、未经安全交底和无安全防护措施，不盲目操作。

⑩ 隐患未排除，有自己伤害自己、自己伤害他人、自己被他人伤害的不安全因素存在时，不盲目操作。

（8）"防止坠落和物体打击"的十项安全要求

① 高处作业人员必须着装整齐，严禁穿硬塑料底等易滑鞋、高跟鞋，工具应随手放入工具袋中。

② 高处作业人员严禁相互打闹，以免失足发生坠落事故。

③ 在进行攀登作业时，攀登用具结构必须牢固可靠，使用必须正确。

④ 各类手持机具使用前应检查，确保安全牢靠。洞口临边作业应防止物件坠落。

⑤ 施工人员应从规定的通道上下，不得攀爬脚手架、跨越阳台，不得在非规定通道进行攀登、行走。

⑥ 进行悬空作业时，应有牢靠的立足点并正确系挂安全带；现场应视具体情况配置防护栏网、栏杆或其他安全设施。

⑦ 高处作业时，所有物料应该堆放平稳，不可放置在临边或洞口附近，且不可妨碍通行。

⑧ 高处拆除作业时，对拆卸下的物料、建筑垃圾都要加以清理和及时运走，不得在走道上任意乱置或向下丢弃，保持作业走道畅通。

⑨ 高处作业时，不准往下或向上乱抛材料和工具等物件。

⑩ 各施工作业场所内，凡有坠落可能的任何物料，都应先行撤除或加以固定，拆卸作业要在设有禁区、有人监护的条件下进行。

（9）防止机械伤害的"一禁、二必须、三定、四不准"

① 一禁。不懂电器和机械的人员严禁使用和摆弄机电设备。

② 二必须

a. 机电设备应完好，必须有可靠有效的安全防护装置。

b. 机电设备停电、停工休息时必须拉闸关机，按要求上锁。

③ 三定

a. 机电设备应做到定人操作，定人保养、检查。

b. 机电设备应做到定机管理、定期保养。

c. 机电设备应做到定岗位和岗位职责。

④ 四不准

a. 机电设备不准带病运转。

b. 机电设备不准超负荷运转。

c. 机电设备不准在运转时维修保养。

d. 机电设备运行时，操作人员不准将头、手、身伸入运转的机械行程范围内。

（10）"防止车辆伤害"的十项安全要求

① 未经劳动、公安交通部门培训合格的持证人员，不熟悉车辆性能者不得驾驶车辆。

② 应坚持做好例保工作，车辆制动器、喇叭、转向系统、灯光等影响安全的部件如作用不良，不准出车。

③ 严禁翻斗车、自卸车的车厢乘人，严禁人货混装，车辆载货应不超载、超高、超宽，捆扎应牢固可靠，应防止车内物体失稳跌落伤人。

④ 乘坐车辆应坐在安全处，头、手、身不得露出车厢外，要避免车辆启动制动时跌倒。

⑤ 车辆进出施工现场，在场内掉头、倒车，在狭窄场地行驶时应有专人指挥。

⑥ 现场行车进场要减速，并做到"四慢"，即：道路情况不明要慢；线路不良要慢；起步、会车、停车要慢；在狭路、桥梁弯路、坡路、叉道、行人拥挤地点及出入大门时要慢。

⑦ 临近机动车道的作业区和脚手架等设施以及道路中的路障，应加设安全色标、安全标志和防护措施，并要确保夜间有充足的照明。

⑧ 装卸车作业时，若车辆停在坡道上，应在车轮两侧用楔形木块加以固定。

⑨ 人员在场内机动车道应避免右侧行走，并做到不平排结队有碍交通；避让车辆时，应不避让于两车交会之中，不站于旁有堆物无法退让的死角。

⑩ 机动车辆不得牵引无制动装置的车辆，牵引物体时物体上不得有人，人不得进入正在牵引的物与车之间，坡道上牵引时，车和被牵引物下方不得有人作业和停留。

（11）"防止触电伤害"的十项安全操作要求

根据安全用电"装得安全、拆得彻底、用得正确、修得及时"的基本要求，为防止触电伤害的操作要求如下。

① 非电工严禁拆接电气线路、插头、插座、电气设备、电灯等。

② 使用电气设备前必须检查线路、插头、插座、漏电保护装置是否完好。

③ 电气线路或机具发生故障时，应找电工处理，非电工不得自行修理或排除故障。

④ 使用振捣器等手持电动机械和其他电动机械从事湿作业时，要由电工接好电源，安装上漏电保护器，操作者必须穿戴好绝缘鞋、绝缘手套后再进行作业。

⑤ 搬迁或移动电气设备必须先切断电源。

⑥ 搬运钢筋、钢管及其他金属物时，严禁触碰到电线。

⑦ 禁止在电线上挂晒物料。

⑧ 禁止使用照明器烘烤、取暖，禁止擅自使用电炉和其他电加热器。

⑨ 在架空输电线路附近工作时，应停止输电，不能停电时，应有隔离措施，要保持安全距离，防止触碰。

⑩ 电线必须架空，不得在地面、施工楼面随意乱拖，若必须通过地面、楼面时，应有过路保护，物料、车、人不准压踏碾磨电线。

（12）施工现场防火安全规定

① 施工现场要有明显的防火宣传标志。

② 施工现场必须设置临时消防车道，其宽度不得小于3.5m，并保证临时消防车道的畅通，禁止在临时消防车道上堆物、堆料或挤占临时消防车道。

③ 施工现场必须配备消防器材，做到布局合理。要害部位应配备不少于4具的灭火器，要有明显的防火标志，并经常检查、维护、保养，保证灭火器材灵敏有效。

④ 施工现场消火栓应布局合理，消防干管直径不小于100mm，消火栓处昼夜要设有明显标志，配备足够的水龙带，周围3m内不准存放物品。地下消火栓必须符合防火规范。

⑤ 高度超过 24m 的建筑工程，应安装临时消防竖管。管径不得小于 75mm，每层设消火栓口，配备足够的水龙带。消防水要保证足够的水源和水压，严禁消防竖管作为施工用水管线。消防泵房应使用非燃材料建造，位置设置合理，便于操作，并设专人管理，保证消防供水。消防泵的专用配电线路应引自施工现场总断路器的上端，要保证连续不间断供电。

⑥ 电焊工、气焊工从事电气设备安装的电焊、气焊切割作业，要有操作证和用火证。用火前，要对易燃、可燃物采取清除、隔离等措施，配备看火人员和灭火器具，作业后必须确认无火源隐患后方可离去。用火证当日有效。用火地点变换，要重新办理用火证手续。

⑦ 氧气瓶、乙炔瓶工作间距不小于 5m，两瓶与明火作业距离不小于 10m。建筑工程内禁止氧气瓶、乙炔瓶存放，禁止使用液化石油气"钢瓶"。

⑧ 施工现场使用的电气设备必须符合防火要求。临时用电必须安装过载保护装置，电闸箱内不准使用易燃、可燃材料。严禁超负荷使用电气设备。

⑨ 施工材料的存放、使用应符合防火要求。库房应采用非燃材料支搭，易燃易爆物品应专库储存，分类单独存放，保持通风，用电符合防火规定。不准在工程内、库房内调配油漆、烯料。

⑩ 工程内都不准作为仓库使用。不准存放易燃、可燃材料，因施工需要进入工程内部的可燃材料，要根据工程计划限量进入并采取可靠的防火措施。废弃材料应及时消除。

⑪ 施工现场使用的安全网，密目式安全网、密目式防尘网、保温材料，必须符合消防安全规定，不得使用易燃、可燃材料。

⑫ 施工现场严禁吸烟，不得在建筑工程内部设置宿舍。

⑬ 施工现场和生活区，未经有关部门批准不得使用电热器具，严禁工程中明火保温施工及宿舍内明火取暖。

⑭ 从事油漆粉刷或防水等有毒及易燃危险作业时，要有具体的防火要求。必要时派专人看护。

⑮ 生活区的设置必须符合消防管理规定。严禁使用可燃材料搭设，宿舍内不得卧床吸烟，房间内住 20 人以上必须设置不少于 2 处的安全门，居住 100 人以上，要有消防安全通道及人员疏散预案。

⑯ 生活区的用电要符合防火规定。食堂使用的燃料必须符合使用规定，用火点和燃料不能在同一房间内，使用时要有专人管理，停火时将总开关关闭，经常检查有无泄漏。

2.4.3 高处作业安全知识

（1）高处作业的一般施工安全规定和技术措施

按照《高处作业分级》（GB/T 3608—2008）规定：凡在坠落高度基准面 2m 以上（含 2m）的可能坠落的高处所进行的作业，都称为高处作业。

在施工现场高处作业中，如果未防护、防护不好或作业不当都可能发生人或物的坠落。人从高处坠落的事故，称为高处坠落事故。物体从高处坠落砸着下面人的事故，称为物体打击事故。建筑施工中的高处作业主要包括临边、洞口、攀登、悬空、交叉作业等类型。这些是高处作业伤亡事故可能发生的主要地点。

高处作业时的安全措施有：设置防护栏杆，孔洞加盖，安装安全防护门，满挂安全平立网，必要时设置安全防护棚等。

① 施工前应逐级进行安全技术教育及交底，落实所有安全技术措施和个人防护用品，未经落实时不得进行施工。

② 高处作业中的安全标志、工具、仪表、电气设施和各种设备，必须在施工前加以检查，确认其完好，方能投入使用。

③ 悬空、攀登高处作业以及搭设高处安全设施的人员必须按照国家有关规定，经过专门的安全作业培训，并取得特种作业操作资格证书后，方可上岗作业。

④ 从事高处作业的人员必须定期进行身体检查，诊断患有心脏病、贫血、高血压、癫痫病、恐高症及其他不适宜高处作业的疾病时，不得从事高处作业。

⑤ 高处作业人员应头戴安全帽，身穿紧口工作服，脚穿防滑鞋，腰系安全带。

⑥ 高处作业场所有坠落可能的物体，应一律先行撤除或予以固定。所用物件均应堆放平稳，不妨碍通行和装卸。工具应随手放入工具袋，拆卸下的物件及余料和废料均应及时清理运走，清理时应采用传递或系绳提溜方式，禁止抛掷。

⑦ 遇有六级以上强风、浓雾和大雨等恶劣天气，不得进行露天悬空与攀登高处作业。台风暴雨后，应对高处作业安全设施逐一检查，发现有松动、变形损坏或脱落、漏雨、漏电等现象，应立即修理完善或重新设置。

⑧ 所有安全防护设施和安全标志等，任何人都不得损坏或擅自移动和拆除。因作业必须临时拆除或变动安全防护设施、安全标志时，必须经有关施工负责人同意，并采取相应的可靠措施，作业完毕后立即恢复。

⑨ 施工中对高处作业的安全技术设施发现有缺陷和隐患时，必须立即报告，及时解决。危及人身安全时，必须立即停止作业。

（2）高处作业的基本安全技术措施

① 凡是临边作业，都要在临边处设置防护栏杆，一般上杆离地面高度为 1.0～1.2m，下杆离地面高度为 0.5～0.6m；防护栏杆必须自上而下用安全网封闭，或在栏杆下边设置严密固定的高度不低于 18cm 的挡脚板或 40cm 的挡脚竹笆。

② 对于洞口作业，可根据具体情况采取设防护栏杆、加盖板、张挂安全网与装栅门等措施。

③ 进行攀登作业时，作业人员要从规定的通道上下，不能在阳台之间等非规定通道进行攀登，也不得任意利用吊车车臂架等施工设备进行攀登。

④ 进行悬空作业时，要设有牢靠的作业立足处，并视具体情况设防护栏杆，搭设脚手架、操作平台，使用马凳，张挂安全网或其他安全措施；作业所用索具、脚手板、吊篮、吊笼、平台等设备，均需经技术鉴定方能使用。

⑤ 进行交叉作业时，注意不得在上下同一垂直方向上操作，下层作业的位置必须处于依上层高度确定的可能坠落范围之外。不符合以上条件时，必须设置安全防护层。

⑥ 结构施工自二层起，凡人员进出的通道口（包括井架、施工电梯的进出口），均应搭设安全防护棚。高度超过 24m 时，防护棚应设双层。

⑦ 建筑施工进行高处作业之前，应进行安全防护设施的检查和验收。验收合格后，方可进行高处作业。

（3）高处作业安全防护用品使用常识

由于建筑行业的特殊性，高处作业中发生高处坠落、物体打击事故的比例最大。要避免伤亡事故，作业人员必须正确佩戴安全帽，调好帽箍，系好帽带；正确使用安全带，高挂低用；按规定架设安全网。

① 安全帽。安全帽是对人体头部受外力伤害（如物体打击）起防护作用的帽子。使用时要注意以下事项。

Ⅰ.选用经有关部门检验合格，其上有"安鉴"标志的安全帽。

Ⅱ.使用安全帽前先检查外壳是否破损，有无合格帽衬，帽带是否齐全，如果不符合要求则立即更换。

Ⅲ.调整好帽箍、帽衬（4～5cm），系好帽带。

② 安全带。安全带是高处作业人员预防坠落伤亡的防护用品。使用时要注意以下事项。

Ⅰ.选用经有关部门检验合格的安全带，并保证在使用有效期内。

Ⅱ.安全带严禁打结、续接。

Ⅲ.使用中，要可靠地挂在牢固的地方，高挂低用，且要防止摆动，避免明火和刺割。

Ⅳ.2m以上的悬空作业，必须使用安全带。

Ⅴ.在无法直接挂设安全带的地方，应设置挂安全带的安全拉绳、安全栏杆等。

③ 安全网。安全网是用来防止人、物坠落或用来避免、减轻坠落及物体打击伤害的网具。使用时要注意以下事项。

Ⅰ.要选用有合格证的安全网；在使用时，必须按规定到有关部门检测，检验合格后方可使用。

Ⅱ.安全网若有破损、老化，应及时更换。

Ⅲ.安全网与架体连接不宜绷得太紧，系结点要沿边分布均匀、绑牢。

Ⅳ.立网不得作为平网使用。

Ⅴ.立网必须选用密目式安全网。

2.4.4 脚手架作业安全技术常识

（1）脚手架的作用及常用架型

脚手架的搭设、拆除作业属悬空、攀登高处作业，其作业人员必须按照国家有关规定经过专门的安全作业培训，并取得特种作业操作资格证书后，方可上岗作业。其他无资格证书的作业人员只能做辅助工作，严禁悬空、登高作业。

脚手架的主要作用是在高处作业时供堆料、短距离水平运输及作业人员在上面进行施工作业。高处作业的五种基本类型的安全隐患在脚手架上作业中都会发生。

脚手架应满足以下基本要求。

① 要有足够的牢固性和稳定性，保证施工期间在所规定的荷载和气候条件下，不产生变形、倾斜和摇晃。

② 要有足够的使用面积，满足堆料、运输、操作和行走的要求。

③ 构造要简单，搭设、拆除和搬运要方便。

常用脚手架有扣件式钢管脚手架、门型钢管脚手架、碗扣式钢管架等。此外还有附着升降脚手架、吊篮式脚手架、挂式脚手架等。

（2）脚手架作业一般安全技术常识

① 每项脚手架工程都要有经批准的施工方案并严格按照此方案搭设和拆除，作业前必须组织全体作业人员熟悉施工和作业要求，进行安全技术交底。班组长要带领作业人员对施工作业环境及所需工具、安全防护设施等进行检查，消除隐患后方可作业。

② 脚手架要结合工程进度搭设，结构施工时脚手架要始终高出作业面一步架，但不宜一次搭得过高。未完成的脚手架，作业人员离开作业岗位（休息或下班）时，不得留有未固定的构件，并应保证架子稳定。

脚手架要经验收签字后方可使用。分段搭设时应分段验收。在使用过程中要定期检查，较长时间停用、台风或暴雨过后使用前要进行检查加固。

③ 落地式脚手架基础必须坚实，若是回填土，必须平整夯实，并做好排水措施，以防止地基沉陷引起架子沉降、变形、倒塌。当基础不能满足要求时，可采取挑、吊、撑等技术措施，将荷载分段卸到建筑物上。

④ 设计搭设高度较小（15m 以下）时，可采用抛撑；当设计高度较大时，采用既抗拉又抗压的连墙点（根据规范用柔性或刚性连墙点）。

⑤ 施工作业层的脚手板要满铺、牢固，离墙间隙不大于 15cm，并不得出现探头板；在架子外侧四周设 1.2m 高的防护栏杆及 18cm 的挡脚板，且在作业层下装设安全平网；架体外排立杆内侧挂设密目式安全立网。

⑥ 脚手架出入口需设置规范的通道口防护棚；外侧临街或高层建筑脚手架，其外侧应设置双层安全防护棚。

⑦ 架子使用中，通常架上的均布荷载不应超过规范规定，人员、材料不要太集中。

⑧ 在防雷保护范围之外，应按规定安装防雷保护装置。

⑨ 脚手架拆除时，应设警戒区和醒目标志，有专人负责警戒；架体上的材料、杂物等应消除干净；架体若有松动或危险的部位，应予以先行加固，再进行拆除。

⑩ 拆除顺序应遵循"自上而下，后装的构件先拆，先装的后拆，一步一清"的原则，依次进行。不得上下同时拆除作业，严禁用踏步式、分段、分立面拆除法。

⑪ 拆下来的杆件、脚手板、安全网等应用运输设备运至地面，严禁从高处向下抛掷。

2.5　环境保护知识

① 钢筋加工过程中噪声大，应采取降噪措施，采用先进机械设置，并采取防护棚进行隔音。

② 钢筋加工制作过程中，场界噪声不得超过《建筑施工场界噪声排放标准》（GB 12523—2011）规定的排放限值，昼间不超过 70dB（A），夜间不超过 55dB（A）。

③ 成品加工的人员必须将废料分类摆放整齐，严禁钢筋加工区废料随意摆放。

④ 扎丝严禁随意丢放，扎丝头及时进行清理；套筒塑料保护帽及时进行回收，避免污染环境；焊渣及时回收利用。

⑤ 电弧焊尽量远离居民区或在工作面设蔽光屏障。

2.6 识读结构施工图图纸方案

2.6.1 结构施工图概念及其用途

结构施工图是根据房屋建筑中的承重构件进行结构设计后绘制成的图样。结构设计时根据建筑要求选择结构类型，并进行合理布置，再通过力学计算确定构件的断面形状、大小、材料及构造等，并将设计结果绘成图样，以指导施工，这种图样简称为"结施"。结构施工图与建筑施工图一样，是施工的依据，主要用于放灰线、挖基槽、基础施工、支承模板、配钢筋、浇灌混凝土等施工过程，也作为计算工程量、编制预算和施工进度计划的依据。结构施工图的组成如下。

（1）结构设计说明

抗震设计与防火要求，地基与基础，地下室，钢筋混凝土各种构件，砖砌体，后浇带与施工缝等部分选用的材料类型、规格、强度等级，施工注意事项等。

（2）结构平面图

包括：①基础平面图；②楼层结构平面布置图；③屋面结构平面布置图。

（3）构件详图

包括：①梁、板、柱及基础结构详图；②楼梯结构详图；③屋架结构详图；④其他详图，如支撑详图等。

结构施工图中，基本构件如板、梁、柱等，为了图样表达简明扼要，便于清楚区分构件，便于施工，制表查阅，有必要以代号或符号去表示各类构件，目前《建筑结构制图标准》（GB/T 50105—2010）给出的常用构件代号，均以构件名称的汉语拼音的第一个字母来表示（表 2-2）。

表2-2 常用构件代号

名称	代号	名称	代号	名称	代号
板	B	梁	L	基础	J
屋面板	WB	屋面梁	WL	设备基础	SJ
空心板	KB	吊车梁	DL	桩	ZH
槽型板	CB	圈梁	QL	柱间支撑	ZC
折板	ZB	过梁	GL	垂直支撑	CC
密肋板	MB	连系梁	LL	水平支撑	SC
楼梯板	TB	基础梁	JL	雨篷	YP
盖板或者沟盖板	GB	楼梯梁	TL	阳台	YT
挡雨板	YB	檩条	LT	预埋件	M
吊车安全走道板	DB	屋架	WJ	钢筋网	W
墙板	QB	托架	TJ	钢筋骨架	G
天沟板	TGB	天窗架	CJ	梁垫	LD

2.6.2　施工图识读方法

① 从上往下、从左往右的看图顺序是施工图识读的一般顺序。比较符合看图的习惯，同时也是施工图绘制的先后顺序。

② 由前往后看，根据房屋的施工先后顺序，从基础、墙柱、楼面到屋面依次看，此顺序基本也是结构施工图编排的先后顺序。

③ 看图时要注意从粗到细，从大到小。先粗看一遍，了解工程的概况、结构方案等。然后看总说明及每一张图纸，熟悉结构平面布置，检查构件布置是否合理正确，有无遗漏，柱网尺寸、构件定位尺寸、楼面标高等是否正确。最后根据结构平面布置图，详细看每一个构件的编号、跨数、截面尺寸、配筋、标高及其节点详图。

④ 图中的文字说明是施工图的重要组成部分，应认真仔细逐条阅读，并与图样对照看，便于完整理解图纸。

⑤ 结构施工图应与建筑结构施工图结合起来看。一般先看建筑施工图，通过阅读设计说明、总平面图、建筑平立剖面图，了解建筑体型、使用功能，内部房间的布置、层数与层高、柱墙布置、门窗尺寸、楼梯位置、内外装修、材料构造及施工要求等基本情况，再看结构施工图。在阅读结构施工图时应同时对照相应的建筑结构施工图，只有把两者结合起来看，才能全面理解结构施工图，并发现存在的矛盾和问题。

2.6.3　施工图的识读步骤

① 先看目录，通过阅读图纸目录，了解是什么类型的建筑，是哪个设计单位，图纸共有多少张，主要有哪些图纸，并检查全套各工种图纸是否齐全，图名与图纸编号是否相符等。

② 初步阅读各工种设计说明，了解工程概况，将所采用的标准图集编号摘抄下来，并准备好标准图集，供看图时使用。

③ 阅读建筑结构施工图。读图次序依次为：设计总说明、总平面图、建筑平面图、立面图、剖面图、构造详图。初步阅读建筑结构施工图后，应能在头脑中形成整栋房屋的立体形象，能想象出建筑物的大致轮廓，为下一步结构施工图的阅读做好准备。

④ 阅读结构施工图。结构施工图的阅读顺序可按下列步骤进行。

a.阅读结构设计说明。准备好结构施工图所套用的标准图集及地质勘察资料。

b.阅读基础平面图、详图与地质勘察资料。基础平面图应与建筑底层平面图结合起来看。

c.阅读柱平面布置图。根据对应的建筑平面图校对柱的布置是否合理，柱网尺寸、柱断面尺寸与轴线的关系尺寸有无错误。

d.阅读楼层及屋面结构平面布置图。对照建筑结构施工平面图中的房间分隔、墙体的布置、检查各构件的平面定位尺寸是否正确，布置是否合理，有无遗漏，楼板的形式、布置、板面标高是否正确等。

e.按前述的施工图识读方法，详细阅读各平面图中的每一个构件的编号、断面尺寸、标高、配筋及其构造详图，并与建筑结构施工图结合，检查有无错误与矛盾。看图中发现的问题要一一记下，最后按结构施工图的先后顺序将存在的问题全部整理出来，以便在图纸会审时加以解决。

f. 在前述阅读结构施工图中，涉及采用标准图集时，应详细阅读规定的标准图集。

2.6.4 平法施工图的表达方式与特点

建筑结构施工图平面整体设计方法（简称平法），对混凝土结构施工图的传统设计表达方法做了重大改革，它是将结构构件的尺寸和配筋，按照平面整体表示方法的制图规则，直接将各类构件表达在结构平面布置图上，再与标准构造详图配合，即构成一套新型完整的结构设计图纸，避免了传统的将各个构件逐个绘制配筋详图的烦琐方法，大大地减少了传统设计中大量的重复表达内容，变离散的表达方式为集中表达方式，并将内容以可重复使用的通用标准图的方式固定下来。目前已有国家建筑标准设计图集《混凝土结构施工图平面整体表示方法制图规则和构造详图》（22G101-1），可直接采用。

第 **3** 章

钢筋工专业知识

教学目标

知识目标	掌握钢筋原材料及进场验收与存放要求、掌握钢筋配料和代换计算、加工方法与要求、掌握钢筋连接技术，掌握钢筋绑扎与安装规定与要求，掌握钢筋检查要求与验收标准与方法。
技能目标	能掌握识图技能，进行原材料质量把关，会进行钢筋配料、代换、加工、制作、连接、安装、检查、验收。
思政目标	创新进取、追求超越。 创新进取、追求超越是工匠精神的延伸。敢于创新才是"工匠精神"的灵魂所在，更是互联网时代赋予当代工匠精神的时代内涵。在当今发展浪潮中只有不断推陈出新，激励不断创新，才能顺应市场需求。

3.1 钢筋原材料及进场验收与存放

3.1.1 钢筋原材料

目前普通混凝土结构用的钢筋可分为热轧钢筋（热轧光圆钢筋和热轧带肋钢筋）和冷轧带肋钢筋两种。其中，热轧带肋钢筋（英文名 hot-rolled ribbed steel bar）和热轧光圆钢筋（hot-rolled plain steel bar），凭借塑性变形能力好、强屈比（极限强度与屈服强度之比）1.4 左右，有较大储备，应用最普遍。《混凝土结构设计规范》（GB 50010—2010）推荐的普通钢筋和屈服强度标准值、极限强度标准值见表 3-1。钢筋的强度标准值应具有不小于 95% 的保证率。

表 3-1　普通钢筋强度标准值和设计值

牌号	符号	公称直径 d/mm	屈服强度 标准值 f_{yk}/MPa	极限强度 标准值 f_{stk}/MPa	抗拉强度 设计值 f_y/MPa	抗压强度 设计值 f_y'/MPa
HPB300	ϕ	6 ～ 14	300	420	270	270
HRB400 HRBF400 RRB400	Φ Φ^F Φ^R	6 ～ 50	400	540	360	360
HRB500 HRBF500	Φ Φ^F	6 ～ 50	500	630	435	435

HRBF400 级钢筋中，F 是热轧带肋钢筋的缩写后面加"细"的英文（fine）首位字母，钢筋类别为"细晶粒热轧钢筋"。RRB 是余热处理带肋钢筋（remained heat treatment ribbed steel bars）的缩写，其主要技术指标力学与热轧带肋钢筋基本相同，但焊接性能较差不宜焊接，延性和强屈比稍低，一般可用于对变形性能及加工性能要求不高的构件如基础、大体积混凝土、墙体以及次要的中小构件。

《混凝土结构设计规范》第 4.2.1 条中有如下规定。混凝土结构的钢筋应按下列规定选用：①纵向受力普通钢筋可采用 HRB400、HRB500、HRBF400、HRBF500、RRB400、HPB300 钢筋；梁、柱和斜撑构件的纵向受力普通钢筋宜采用 HRB400、HRB500、HRBF400、HRBF500 钢筋；②箍筋宜采用 HRB400、HRBF400、HPB300、HRB500、HRBF500 钢筋。

冷轧带肋钢筋（cold rolled ribbed steel wire and bars，简称 CRB）是热轧圆盘条经冷轧后，在其表面带有沿长度方向均匀分布的三面横肋或两面横肋的钢筋。冷轧带肋钢筋中的 CRB550 级钢筋，其公称直径范围为 4 ～ 12mm，设计强度 360MPa，主要以钢筋焊接网的形式用于普通钢筋混凝土楼板、地面、墙面和市政桥面。其他冷轧带肋钢筋均用作预应力钢筋，共有 4 个牌号：CRB650、CRB800、CRB970 和 CRB1170，其公称直径均为 4mm、5mm、6mm。

钢筋工程施工过程中必须满足以下一般规定：

① 当钢筋的品种、级别或规格需做变更时，应办理设计变更文件。

② 在浇筑混凝土之前，应进行钢筋隐蔽工程验收，其内容包括：

a. 纵向受力钢筋的品种、规格、数量、位置等；

b. 钢筋的连接方式、接头位置、接头数量、接头面积百分率等；

c. 箍筋、横向钢筋的品种、规格、数量、间距等；

d. 预埋件的规格、数量、位置等。

3.1.2　钢筋进场验收

（1）检验项目

检验项目分为主控项目检验和一般项目检验。

① 主控项目

a. 钢筋进场时，应按国家现行标准的规定抽取试件做屈服强度、抗拉强度、延伸率、弯曲性能和重量偏差检验，检验结果应符合相应标准的规定。

检查数量：按进场批次和产品的抽样检验方案确定。

检验方法：检查质量证明文件和抽样检验报告。

b. 对按一、二、三级抗震等级设计的框架和斜撑构件（含梯段）中的纵向受力普通钢筋应采用 HRB400E、HRB500E、HRBF400E 或 HRBF500E 钢筋，其强度和最大力总延伸率的实测值应符合下列规定：

Ⅰ. 抗拉强度实测值与屈服强度实测值的比值不应小于 1.25；

Ⅱ. 屈服强度实测值与屈服强度标准值的比值不应大于 1.30；

Ⅲ. 最大力总延伸率不应小于 9%。

检查数量：按进场的批次和产品的抽样检验方案确定。

检验方法：检查抽样检验报告

说明：规定习惯称为强屈比、超屈比和均匀伸长率的限值是为了保证重要结构构件的抗震性能，牌号带 "E" 的钢筋是专门为满足本条性能要求生产的钢筋，其表面轧有专用标志，如图 3-1 所示。对于常见的四级抗震等级没有此项要求。

图 3-1　钢筋表面牌号

c. 当发现钢筋脆断、焊接性能不良或力学性能显著不正常等现象时，应对该批钢筋进行化学成分检验或其他专项检验。

检验方法：检查化学成分等专项检验报告。

② 一般项目

a. 钢筋应平直、无损伤，表面不得有裂纹、油污、颗粒状或片状老锈。

b. 检查数量：进场时和使用前全数检查。

c. 检验方法：观察。

（2）检验过程

① 钢筋进场验收。混凝土结构工程中所用的钢筋，都应有出厂质量证明书或试验报告单，每捆（盘）钢筋均应有标牌。钢筋进场时应按批号及直径分批验收，验收的内容包括查对标牌和外观检查，如图 3-2 所示，并按有关标准的规定抽取试样做力学性能试验，检查合格后方可使用。

② 热轧钢筋的外观检查。从每批中抽取 5% 进行外观检查。钢筋表面不得有裂缝、结疤和折叠，钢筋表面允许有凸块，但不得超过横肋的高度，钢筋表面上其他缺陷的深度和高度不得大于所在部位的允许偏差。钢筋每米弯曲度不应大于 4mm。

钢筋可按实际质量或公称质量交货。当钢筋按实际质量交货时，应随机抽取 5 根（6m 长一根）钢筋称重，先进行质量偏差检验，再取其中 2 个试件进行力学性能检验，如质量偏差大于允许偏差，则应与生产厂家交涉，避免损害用户利益。

③ 热轧钢筋的力学性能检验。同规格、同炉罐（批）号的不超过 60t 钢筋为一批，国家

(a) 证明书　　　　　　　　　(b) 标牌

图 3-2　钢筋证明书和标牌

标准《钢筋混凝土用钢 第 1 部分：热轧光圆钢筋》（GB 1499.1—2017）和《钢筋混凝土用钢 第 2 部分：热轧带肋钢筋》（GB 1499.2—2018）中规定热轧钢筋每批抽取 5 个试件，先进行重量偏差检验，再取其中 2 个试件进行拉伸试验检验屈服强度、抗拉强度、伸长率，另取其中 2 个试件进行弯曲性能检验。对于钢筋伸长率，牌号带 "E" 的钢筋必须检验最大力下总伸长率。如有一项试验结果不符合规定，则从同一批中另取双倍数量的试样重做各项试验。如仍有一个试样不合格，则该批钢筋为不合格品，应降级使用。

热轧钢筋在加工过程中发现脆断、焊接性能不良或力学性能显著不正常等现象时，应进行化学成分分析或其他专项检验。

3.1.3　钢筋存放

钢筋运进施工现场后，必须严格按批分等级、牌号、直径、长度挂牌存放，并注明数量，不得混淆。钢筋应尽量堆入仓库或料棚内，并在仓库或场地周围挖排水沟，以利泄水。条件不具备时，应选择地势较高、土质坚实和较为平坦的露天场地存放。堆放时钢筋下面要加垫木、垫木离地不宜少于 200mm，以防钢筋锈蚀和污染。钢筋成品要分工程名称、构件名称、部位、钢筋类型、尺寸、钢号、直径和根数分别堆放，不能将几项工程的钢筋成品混放在一起，同时注意避开造成钢筋污染和腐蚀的环境（图 3-3）。

图 3-3　钢筋堆场

3.2 钢筋配料、代换与加工

3.2.1 钢筋配料

钢筋配料是根据构件配筋图，先绘出各种形状和规格的单根钢筋简图并加以编号，然后分别计算钢筋下料长度和根数，填写配料单，申请加工。

（1）钢筋下料长度计算

① 弯曲调整值的意义。图纸上的钢筋简图标示尺寸 [图 3-4（a）] 表达的都是钢筋加工成型后的外包尺寸，能否直接以外包尺寸 1000+300＝1300mm 来直线下料呢？从双线表示的最终加工成型 90°弯折钢筋来观察（注意：钢筋简图画的是直角，但实际操作是有弯弧的）：钢筋受弯曲后，在弯曲处的内皮缩短而外皮伸长，只在中心线处才保持不变的尺寸。也就是说，如按 1300mm 下料，中心线仍保持 1300mm，那么由于外皮伸长，钢筋加工成型的外包尺寸即量度尺寸必定大于 1300mm，见图 3-4（b），显然，图 3-4（a）钢筋简图的直线下料尺寸应该小于 1300mm。

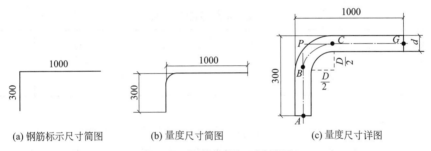

(a) 钢筋标示尺寸简图　　(b) 量度尺寸简图　　(c) 量度尺寸详图

图 3-4　钢筋简图与对应详图

以图 3-4（c）的钢筋为例，以加工成型后钢筋的中心线长度推导出直线下料长度如下。设圆形弯弧的直径即弯曲直径为 D，钢筋的直径为 d，故有：

$$\widehat{BC}=\frac{1}{4}\times\pi\times(D+d)=\frac{\pi(D+d)}{4}$$

又

$$AB=300-d-\frac{D}{2}$$

$$CG=1000-d-\frac{D}{2}$$

用 l 表示下料长度即三段中心线长度之和：

$$l=AB+\widehat{BC}+CG=\left(300-d-\frac{D}{2}\right)+\frac{\pi}{4}(D+d)+\left(100-d-\frac{D}{2}\right)$$
$$=(300+1000)-(1.215d+0.215D)$$

式中等号右边第二项括号内的值就是弯曲调整值，因此得出弯曲一个直角的弯曲调整值为

$$\Delta_{90°}=1.215d+0.215D \qquad (3-1)$$

式中 $\Delta_{90°}$——弯曲调整值;

d——钢筋直径;

D——弯弧直径(即钢筋加工弯曲时所用弯曲机芯轴的直径)。

根据《混凝土结构工程施工规范》(GB 50666—2011)第 5.3.4 条的规定,光圆钢筋,其弯弧内直径不应小于钢筋直径的 2.5 倍;400MPa 级带肋钢筋的弯弧内直径不应小于钢筋直径的 4 倍;500MPa 级带肋钢筋,当直径为 28mm 以下时不应小于钢筋直径的 6 倍,当直径为 28mm 及以上时不应小于钢筋直径的 7 倍。

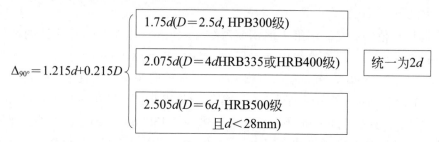

$$\Delta_{90°}=1.215d+0.215D \begin{cases} 1.75d(D=2.5d,\text{HPB300级}) \\ 2.075d(D=4d\text{HRB335或HRB400级}) \\ 2.505d(D=6d,\text{HRB500级} \\ \qquad \text{且}d<28\text{mm}) \end{cases} \quad \text{统一为}2d$$

根据上述的理论推算并结合工程实践经验,其他常用钢筋弯折的钢筋弯曲调整值,列于表 3-2。

表 3-2 钢筋弯曲调整值

钢筋弯曲角度	30°	45°	60°	90°	135°
钢筋弯曲调整值	0.35d	0.5d	0.85d	2d	2.5d

注:d 为钢筋直径。

② 弯钩增加长度。钢筋的弯钩形式有三种:半圆弯钩、直弯钩及斜弯钩。半圆弯钩是最常用的一种弯钩。直弯钩只用在柱钢筋的下部、箍筋和附加钢筋中。斜弯钩只用在直径较小的钢筋中。

a. 光圆钢筋的弯钩增加长度,按图 3-5 所示的简图(弯心直径为 2.5d、平直部分为 3d)计算结果:对半圆弯钩为 6.25d。

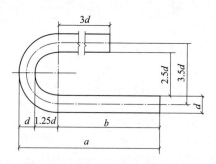

图 3-5 纵向钢筋带半圆弯钩图

半圆弯钩增加的下料长度证明如下。因为成型好的钢筋下料长度符合钢筋中心线的尺寸,所以算出沿钢筋中心线的长度就可以了,光圆钢筋的弯曲直径 $D=2.5d$。

$$L_{中心线}=(a-d-1.25d)+\frac{\pi}{2}\times(2.5d+d)+3d=a+6.25d \qquad (3-2)$$

这证明，对带一个弯钩的光圆钢筋只要在外包尺寸的基础上加6.25d下料则正好，当然，弯钩一般是成对的，因此只要在外包尺寸的基础上加双倍6.25d下料就正确了。

b. 斜弯钩（或称135°弯钩）。见图3-6，沿钢筋中心线的长度计算如下。

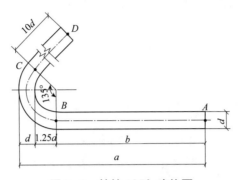

图 3-6 箍筋 135° 弯钩图

$$135°=135\times\pi/180=2.36\text{rad}$$

$$\overset{\frown}{BC}=1.75d\times2.36=4.13d$$

由于斜弯钩仅用于有抗震要求的构件，平直部分的长度取为10d。故下料长度：

$$L=AB+\overset{\frown}{BC}+CD=(a-d-1.25d)+4.13d+10d=a+12d \qquad (3-3)$$

③ 箍筋调整值。《混凝土结构设计规范》（GB 50010—2010）明确规定，当梁中配有按计算需要的纵向受压钢筋时，箍筋应做成封闭式。两个斜弯钩的闭式箍筋（图3-7）是工程结构中最常用箍筋，且抗震设防要求箍筋弯钩平直部分的长度不应小于箍筋直径的10倍和75mm中较大值（非抗震不应小于5d）。

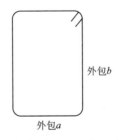

图 3-7 两个斜弯钩的闭式箍筋

a—梁箍筋宽方向上的外包尺寸；b—梁箍筋高方向上的外包尺寸

因此，两个斜弯钩的闭式箍筋下料取值应为：

$$L=箍筋外包尺寸之和+两个斜弯钩增加值-3个\Delta_{90°}（按常用光圆钢筋\Delta_{90°}=1.75d）$$

$$=2a+2b+12d\times2-3\times1.75d=2a+2b+19d(非抗震按9d) \qquad (3-4)$$

其中外包a、外包b只要在构件断面尺寸上直接减去混凝土保护层厚度即可。

（2）配料计算实例

某五层三级抗震建筑，二层楼面为现浇楼盖，楼板厚度为110mm，二层楼面有一根框架梁，混凝土为 C30，钢筋主筋为 HRB400 级，主筋锚固长度均按 37d 考虑（22G101-1 第 59 页），保护层厚度规定见 22G101-1 第 57 页。工程施工需要计算所标各种钢筋下料长度和净用量（kg），编制框架梁的钢筋配料单和钢筋简图（形状）。已知混凝土结构的环境类别为一类，即室内干燥环境或无侵蚀性静水浸没环境，梁、柱混凝土保护层厚度均为 20mm。

已知两框架柱 KZ1、KZ2 宽为 500mm、400mm，梁轴线居中，KL1（1）的平法施工图依 22G101-1 绘制，具体如图 3-8 所示。

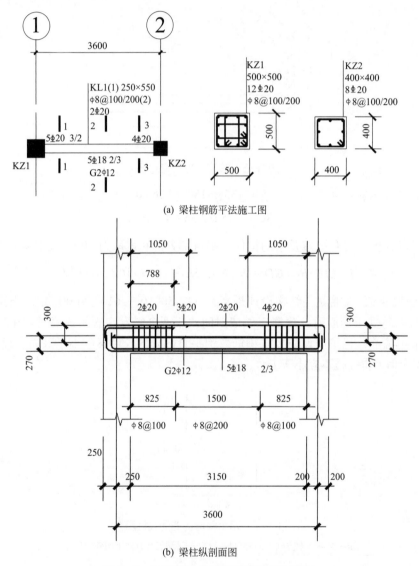

(a) 梁柱钢筋平法施工图

(b) 梁柱纵剖面图

图 3-8　梁柱平法施工图和梁柱纵剖面图

根据给定的 KL1（1）的平法施工图，完成下列工作。

① 梁钢筋下料计算说明。

② 编制梁钢筋的下料单；a. 梁钢筋下料计算说明；b. 梁主筋下料使用的计算公式与说明。

钢筋下料长度的计算统一公式为

$$下料长度 = 钢筋外包尺寸之和 + 弯钩增加值 - 量度差值$$

受拉的 HPB300 级钢筋末端一般设 180°弯勾，180°弯勾增加值为 6.25d（d 为钢筋的直径）；HRB335 级钢筋不需要设弯勾，所以当主筋为 HRB335 时，下料长度的计算公式为

梁主筋直钢筋下料长度＝钢筋外包尺寸之和

有弯折主筋的下料长度＝钢筋外包尺寸之和－量度差值

说明：量度差值为在钢筋段中段弯折一定角度时，弯折段的外包尺寸与轴线长度之间的差值。

③ 箍筋数量和下料长度的确定

a. 箍筋数量的确定。框架梁的箍筋数量计算公式为

$$n_1 = (\frac{l-50}{d_1}+1)\times 2 + (\frac{l_n-2l}{d_2}-1) \tag{3-5}$$

式中　　l——取 1.5h_b 和 500 的大者，其中 h_b 为梁的截面高度，mm；

　　　　d_1——加密区梁箍筋的间距，mm；

　　　　l_n——梁的净跨，mm；

　　　　d_2——非加密区梁箍筋的间距，mm。

b. 箍筋简易下料的长度确定。抗震箍筋的简易下料长度 L 的计算公式为

$$L = 箍筋外包尺寸之和 + 19d$$

即　　　$L = 2a+2b+19d(非抗震按9d)$ $\tag{3-6}$

其中外包 a、外包 b 只要在构件断面尺寸上直接减去混凝土保护层厚度即可。

④ KL1（1）梁钢筋配料单见表 3-3。

表 3-3　KL1（1）梁钢筋配料单

编号	简图	根数（个数）	规格直径/mm	下料长度/mm	总长度/mm	每米质量/（kg/m）	质量/kg
1	上部通长2Φ20 (300)|(3904)|(300)	2	20	4424	8848	2.466	21.819
2	支座1负筋1Φ20 (300)|(1477)	1	20	1737	1737	2.466	4.283
3	支座1负筋2Φ20 (300)|(1152)	2	20	1412	2824	2.466	6.964
4	支座2负筋2Φ20 1377 (300)	2	20	1637	3274	2.466	8.073
5	(270)|(3758)|(270) 下部上排2Φ18	2	18	4226	8452	2.000	16.904
6	(270)|(3864)|(270) 下部下排3Φ18	3	18	4332	12996	2.000	25.992
7	腰筋(3510)	2	12	3510	7020	0.888	6.234
8	(510) (210)	25	8	1584	39600	0.395	15.642

⑤ KL1（1）钢筋下料计算说明。本梁为无板梁，梁、柱钢筋保护层均为 20mm，混凝土强度等级 C30，三级抗震，抗震锚固长度 $l_{aE} = 37d$，90°弯折度量差值为 2d，箍筋 135°/135°度弯钩增加值为 18d。按图 3-9 所示，选取框架中间层端节点构造 4（弯折段重叠，内外两排不贴靠）节点计算下料长度。钢筋下料计算表见表 3-4。

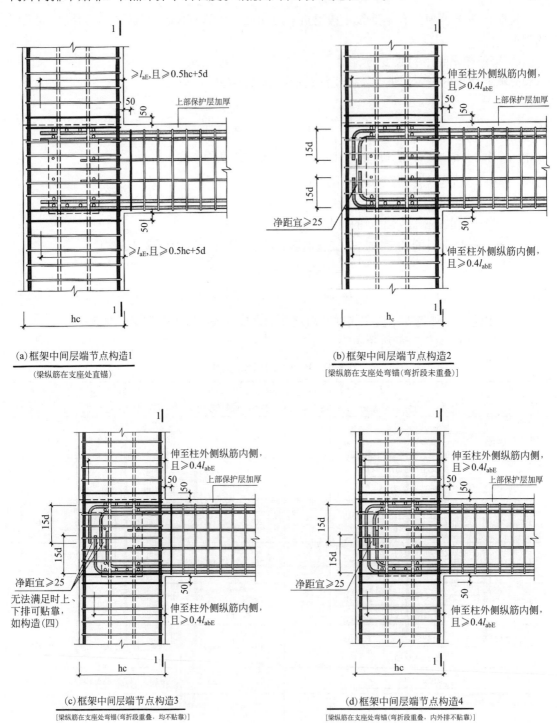

(a)框架中间层端节点构造1
(梁纵筋在支座处直锚)

(b)框架中间层端节点构造2
[梁纵筋在支座处弯锚（弯折段未重叠）]

(c)框架中间层端节点构造3
[梁纵筋在支座处弯锚（弯折段重叠，均不贴靠）]

(d)框架中间层端节点构造4
[梁纵筋在支座处弯锚（弯折段重叠，内外排不贴靠）]

图 3-9　框架中间层端节点不同构造

表3-4 钢筋下料计算表

编号	钢筋部位	下料长度计算过程	根数（个数）	规格直径/mm	下料长度/mm
1	上部通长筋 2⌀20	$L=3150+500+400-2\times20-2\times8-2\times20-2\times25+2\times15\times20-2\times2\times20=4424$（mm）	2	20	4424
2	一排支座1 负筋1⌀20	$L=3150/3+500-20-8-1\times20-1\times25+15\times20-1\times2\times20=1737$（mm）	1	20	1737
3	二排支座1 负筋2⌀20	$L=3150/4+500-20-8-2\times20-18-2\times25+15\times20-1\times2\times20=1412$（mm）	2	20	1412
4	支座2负筋 2⌀20	$L=3150/3+400-20-8-1\times20-1\times25+15\times20-1\times2\times20=1637$（mm）	2	20	1637
5	下部上排 2⌀18	$L=3150+500+400-2\times20-2\times8-2\times20-2\times25-2\times20-2\times18-2\times25-1\times20+2\times15\times18-2\times2\times18=4226$（mm）	2	18	4226
6	下部上排 3⌀18	$L=3150+500+400-2\times20-2\times8-2\times20-2\times25-2\times20+2\times15\times18-2\times2\times18=4332$（mm）	3	18	4332
7	腰筋	$L=3150+15\times12\times2=3510$（mm）	2	12	3510
8	箍筋	$L=(250+550)\times2-8\times20+18\times8=1584$（mm）	25	8	1584

3.2.2　钢筋代换

在施工中，已确认工地不可能供应设计图要求的钢筋品种和规格时，在征得设计单位的同意并办理设计变更文件后，才允许根据库存条件进行钢筋代换。代换前，必须充分了解设计意图、构件特征和代换钢筋性能，严格遵守国家现行设计规范和施工验收规范及有关技术规定。代换后，仍能满足各类极限状态的有关计算要求以及配筋构造规定，如受力钢筋和箍筋的最小直筋、间距、锚固长度、配筋百分率以及混凝土保护层厚度等。一般情况下，代换钢筋还必须满足截面对称的要求。

梁内纵向受力钢筋与弯起钢筋应分别进行代换，以保证正截面与斜截面强度。偏心受压构件或偏心受拉构件（如框架柱、承受吊车荷载的柱、屋架上弦等）钢筋代换时，应按受力方向（受压或受拉）分别代换，不得取整个截面配筋量计算。吊车梁等承受反复荷载作用的构件，必要时，应在钢筋代换后进行疲劳验算。同一截面内配置不同种类和直径的钢筋代换时，每根钢筋拉力差不宜过大（同类型钢筋直径差一般不大于5mm），以免构件受力不匀。钢筋代换应避免出现大材小用，优材劣用，或不符合专料专用等现象。钢筋代换后，其用量不宜大于原设计用量的5%，也不应低于原设计用量的2%。

对抗裂性要求高的构件（如吊车梁，薄腹梁、屋架下弦等），不宜用HPB300级钢筋代换HRB335、HRB400级带肋钢筋，以免裂缝开展过宽。当构件受裂缝宽度控制时，代换后应进行裂缝宽度验算。如代换后裂缝宽度有一定增大（但不超过允许的最大裂缝宽度），还应对构件做挠度验算。

进行钢筋代换的效果，除应考虑代换后仍能满足结构各项技术性能要求之外，同时还要保证用料的经济性和加工操作的方便。

钢筋代换方法如下。

（1）等强度代换

当结构构件按强度控制时，可按强度相等的原则代换，称为等强度代换。代换前后钢筋的钢筋抗力不小于施工图纸上原设计配筋的钢筋抗力，即

$$As_2 f_{y2} \geqslant As_1 f_{y2} \tag{3-7}$$

将钢筋面积公式 $As_2 = \pi d^2/4$ 代入式（3-7）得

$$n_2 d_2^2 f_{y2} \geqslant n_1 d_1^2 f_{y1} \tag{3-8}$$

当原设计钢筋与拟代换的钢筋直径相同时（$d_1 = d_2$）：

$$n_2 f_{y2} \geqslant n_1 f_{y1} \tag{3-9}$$

当原设计钢筋与拟代换的钢筋级别相同时（$f_{y1} = f_{y2}$）：

$$n_2 d_2^2 \geqslant n_1 d_1^2 \tag{3-10}$$

式中　f_{y1}、f_{y2} ——分别为原设计钢筋和拟代换用钢筋的抗拉强度设计值，N/mm^2；

As_1、As_2 ——分别为原设计钢筋和拟代换用钢筋的计算截面面积，mm^2；

n_1、n_2 ——分别为原设计钢筋和拟代换用钢筋的根数，根；

d_1、d_2 ——分别为原设计钢筋和拟代换用钢筋的直径，mm；

$As_1 f_{y2}$、$As_2 f_{y2}$ ——分别为原设计钢筋和拟代换用钢筋的钢筋抗力，N。

（2）等面积代换

当构件最小配筋率配筋时，可按钢筋面积相等的原则进行代换，称为等面积代换。即

$$As_2 \geqslant As_1 \tag{3-11}$$

代入钢筋面积则

$$n_2 d_2^2 \geqslant n_1 d_1^2 \tag{3-12}$$

式中　As_1、n_1、d_1 ——分别为原设计钢筋筋和拟代换用钢筋的计算截面面积（mm^2）、根数、直径（mm）；

As_2、n_2、d_2 ——分别为原设计钢筋筋和拟代换用钢筋的计算截面面积（mm^2）、根数、直径（mm）。

当构件受裂缝宽度或抗裂性要求控制时，代换后应进行裂缝或抗裂性验算。代换后，还应满足构造方面的要求（如钢筋间距、最少直径、最少根数、锚固长度、对称性等）及设计中提出的其他要求。

3.2.3　钢筋加工

（1）钢筋除锈

钢筋的表面应洁净。油渍、漆污和用锤敲击时能剥落的浮皮、铁锈等应在使用前清除干净。在焊接前，焊点处的水锈应清除干净。

钢筋的除锈，一般可通过以下两个途径：一是在钢筋冷拉或钢丝调直过程中除锈，对大量钢筋的除锈较为经济省力；二是用机械方法除锈，如采用电动除锈机除锈，对钢筋的局部

除锈较为方便。此外，还可采用手工除锈（用钢丝刷、砂盘）、喷砂和酸洗除锈等（图3-10）。

图3-10　钢筋除锈方法

电动除锈机，该机的圆盘钢丝刷有成品供应，也可用废钢丝绳头拆开编成，其直径为20～30cm、厚度为5～15cm、转速为1000r/min左右，电动机功率为1.0～1.5kW。为了减少除锈时灰尘飞扬，应装设排尘罩和排尘管道。

在除尘过程中发现钢筋表面的氧化铁皮鳞落现象严重并已损伤钢筋截面，或在除锈后钢筋表面有严重的麻坑、斑点伤蚀截面时，应降级使用或剔除不用。

（2）钢筋调直

① 钢筋调直的机具设备。钢筋调直的机具设备有钢筋调直机（图3-11）、数控钢筋调直切断机和卷扬机拉直设备（图3-12）。

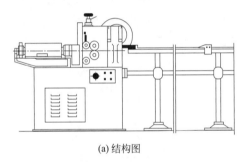

(a) 结构图

(b) 实物图

图3-11　钢筋调直机

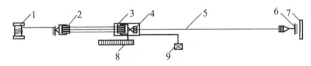

图3-12　卷扬机拉直设备布置

1—卷扬机；2—滑轮组；3—冷拉小车；4—钢筋夹具；5—钢筋；6—地锚；7—防护壁；8—标尺；9—荷重架

钢筋调直机主要是对直径12mm以内的钢筋和钢丝进行调直和断料一体化的电动机械。数控钢筋调直切断机是在原有调直机的基础上应用电子控制仪，准确控制钢丝断料长度，实现自动断料、自动计数。卷扬机拉直设备如图3-12所示，两端采用地锚承力。冷拉滑轮组回程采用荷重架，标尺量伸长。2021年12月14日，住房和城乡建设部印发的《房屋建筑和市政基础设施工程危及生产安全施工工艺、设备和材料淘汰目录（第一批）》明确：2022年6月15日后，新开工项目不得在限制条件和范围内使用本《目录》所列限制类施工工艺、设备和材料。2022年9月15日后，全面停止在新开工项目中使用本《目录》所列限制类施工工艺、设备和材料。非数控预应力张拉设备为限制类。在二类以上市政工程项目预制场内进行后张法预应力构件施工时不得使用。

② 调直工艺

a. 采用钢筋调直机调直冷拔钢丝和细钢筋时，要根据钢筋的直径选用调直模和传送压辊，并要正确掌握调直模的偏移量和压辊的压紧程度。

调直模的偏移量，根据其磨耗程度及钢筋品种通过试验确定；调直筒两端的调直模一定要在调直前后导孔的轴心线上，这是钢筋能否调直的一个关键。如果发现钢筋调得不直就要从以上两方面检查原因，并及时调整调直模的偏移量。

压辊的槽宽，一般在钢筋穿入压辊之后，在上下压辊间宜有 3mm 之内的间隙。压辊的压紧程度要做到既保证钢筋能顺利地被牵引前进，看不出钢筋有明显的转动，而在被切断的瞬时钢筋和压辊间又不能允许发生打滑。

应当注意：冷拔钢丝和冷轧带肋钢筋经调直机调直后，其抗拉强度一般要降低 10% ~ 15%。使用前应加强检验，按调直后的抗拉强度选用。如果钢丝抗拉强度降低过大，则可适当降低调直筒的转速和调直块的压紧程度。

b. 采用冷拉方法调直钢筋时，HPB300 级钢筋冷拉率不宜大于 4%，HRB335 级、HRB400 级及 RRB400 级钢筋冷拉率不宜大于 1%。

（3）钢筋切断

① 钢筋切断的机具设备。钢筋切断机目前有 GQ40、GQ40B、GQ50 型钢筋切断机（图 3-13）、轻巧的 DYQ32B 电动液压切断机（图 3-14）、手动液压切断机和断线钳。GQ40 可以切断 6 ~ 32mm 的钢筋，GQ50 可以切断 6 ~ 32mm 的钢筋。

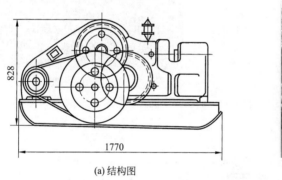
(a) 结构图

(b) 实物图

图 3-13　GQ-40 型钢筋切断机（单位：mm）

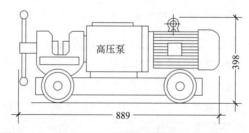

图 3-14　DYQ32B 电动液压切断机（单位：mm）

手动液压切断器，型号为 GJ5Y-16，切断力 80kN，活塞行程为 30mm，压柄作用力 220N，总重 6.5kg，可切断直径 16mm 以下的钢筋。这种机具体积小，重量轻，操作简单，便于携带。

断线钳有两种，大号断线钳（图3-15）可以切断12mm（包含12mm）以下的钢筋，小号断线钳可以切断6mm（包含6mm）以下的钢筋和钢丝。

② 切断工艺

a.将同规格钢筋根据不同长度长短搭配，统筹排料；一般应先断长料，后断短料，减少短头，减少损耗。

b.断料时应避免用短尺量长料，防止在量料中产生累计误差。为此，宜在工作台上标出尺寸刻度线并设置控制断料尺寸用的挡板。

图3-15 大号断线钳

c.钢筋切断机的刀片，应由工具钢热处理制成。安装刀片时，螺丝要紧固，刀口要密合（间隙不大于0.5mm）；固定刀片与冲切刀片刀口的距离：对直径≤20mm的钢筋宜重叠1~2mm，对直径>20mm的钢筋宜留5mm左右。

d.在切断过程中，如发现钢筋有劈裂、缩头或严重的弯头等必须切除；如发现钢筋的硬度与该钢种有较大的出入，应及时向有关人员反映，查明情况。

e.钢筋的断口，不得有马蹄形或起弯等现象。

（4）钢筋弯曲成型

① 钢筋弯钩和弯折的有关规定

a.受力钢筋

Ⅰ.HPB300级钢筋末端应做180°弯钩，其弯弧内直径（D）不应小于钢筋直径（d）的2.5倍。弯钩的弯后平直部分长度不应小于钢筋直径的3倍（图3-16）。

Ⅱ.当设计要求钢筋末端应作135°时，HRB400级钢筋的弯弧内直径（D）不应小于钢筋直径（d）的4倍，弯钩的弯后平直部分应符合设计要求（图3-17）。

Ⅲ.钢筋作不大于90°的弯折时，弯折处的弯弧内直径（D）不应小于钢筋直径（d）的5倍（图3-18）。

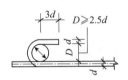

图3-16 端头180°弯钩

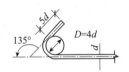

图3-17 端头135°弯钩

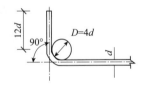

图3-18 端头90°弯钩

b.箍筋。除焊接封闭式箍筋外，箍筋的末端应做弯钩（图3-19）。弯钩形式应符合设计要求；当设计无具体要求时，应符合下列规定。

Ⅰ.箍筋弯钩的弯弧内直径除不应小于钢筋直径的2.5倍外，尚应不小于受力钢筋的直径。

Ⅱ.箍筋弯钩的弯折角度：对一般结构，不应小于90°；对有抗震等级要求的结构应为135°。

Ⅲ.箍筋弯后的平直部分长度：对一般结构，不宜小于箍筋直径的5倍；对有抗震等级要求的结构，不应小于箍筋直径的10倍和75mm中较大值。

② 机具设备

a.钢筋弯曲机。

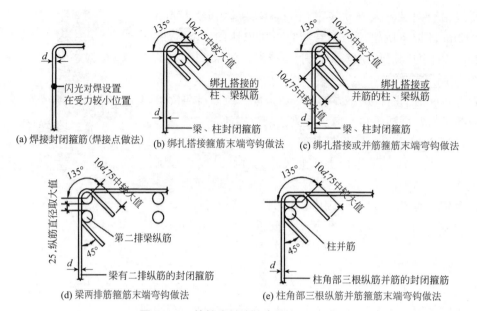

(a) 焊接封闭箍筋(焊接点做法)

(b) 绑扎搭接箍筋末端弯钩做法

(c) 绑扎搭接或并筋箍筋末端弯钩做法

(d) 梁两排筋箍筋末端弯钩做法

(e) 柱角部三根纵筋并筋箍筋末端弯钩做法

图 3-19 箍筋末端弯钩(单位:mm)

钢筋弯曲机的技术性能见表 3-5。图 3-20 和图 3-21 分别为 GW40 型钢筋弯曲机外形。表 3-6 为 GW40 型钢筋弯曲机每次弯曲根数。

图 3-20 GW40 型钢筋弯曲机外形

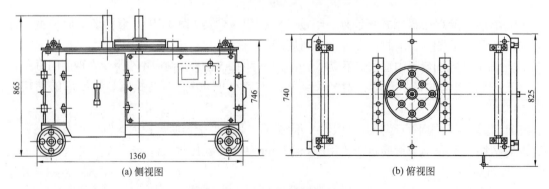

(a) 侧视图

(b) 俯视图

图 3-21 GW40 型钢筋弯曲机

表3-5　钢筋弯曲机技术性能

弯曲机类型	钢筋直径 /mm	弯曲速度 / (r/min)	电机功率 /kW	外形尺寸 / (mm×mm×mm) 长 × 宽 × 高	重量 /kg
GW32	6 ~ 32	10/20	2.2	875×615×945	340
GW40	6 ~ 40	5	3.0	1360×740×865	400
GW40A	6 ~ 40	5	3.0	1050×760×828	450
GW50	25 ~ 50	2.5	4.0	1450×760×800	580

表3-6　GW40 型钢筋弯曲机每次弯曲次数

钢筋直径 /mm	10 ~ 12	14 ~ 16	18 ~ 20	22 ~ 40
每次弯曲根数	4 ~ 6	3 ~ 4	2 ~ 3	1

b. 四头弯箍机。四头弯箍机是由一台电动机通过三级变速带动圆盘，再通过圆盘上的偏心铰带动连杆与齿条，使四个工作盘转动（图 3-22）。每个工作盘上装有心轴与成型轴，但与钢筋弯曲机不同的是：工作盘不停地往复运动，且转动角度一定（事先可调整）。

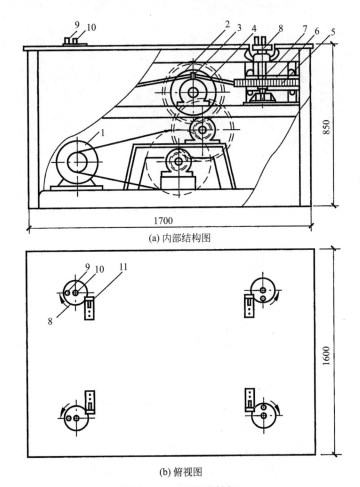

(a) 内部结构图

(b) 俯视图

图 3-22　四头弯箍机

1—电动机；2—偏心圆盘；3—偏心铰；4—连杆；5—齿条；6—滑道；7—正齿轮；
8—工作盘；9—成型轴；10—心轴；11—挡铁

四头弯箍机主要技术参数是：电机功率为 3kW，转速为 960r/min，工作盘反复动作次数为 31r/min。该机可弯曲 φ4 ～ φ12 钢筋，弯曲角度在 0°～ 180°范围内变动。

该机主要是用来弯制钢箍，其工效比手工操作提高约 7 倍，加工质量稳定，弯折角度偏差小。

c. 手工弯曲工具。在缺机具设备条件下，也可采用手摇扳手（图 3-23）弯制细钢筋，用卡盘与扳头弯制粗钢筋。手动弯曲工具的尺寸详见表 3-7 与表 3-8。

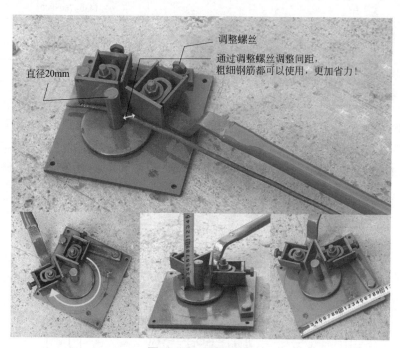

图 3-23　手摇扳手

表 3-7　手摇扳手主要尺寸　　　　　　　　　　　　　　　　单位：mm

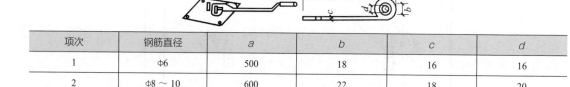

项次	钢筋直径	a	b	c	d
1	φ6	500	18	16	16
2	φ8 ～ 10	600	22	18	20

表 3-8　卡盘与扳头（横口扳手）主要尺寸　　　　　　　　　单位：mm

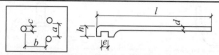

项次	钢筋直径	卡盘			扳头			
		a	b	c	d	e	h	l
1	φ12 ～ 16	50	80	20	22	18	40	1200
2	φ18 ～ 22	65	90	25	28	24	50	1350
3	φ25 ～ 32	80	100	30	38	34	76	2100

d. 数控钢筋弯箍机。数控钢筋弯箍机（图 3-24）主要适用于建筑冷轧带肋钢筋、热轧三级钢筋、冷轧光圆钢筋和热轧盘圆钢筋的弯钩和弯箍。

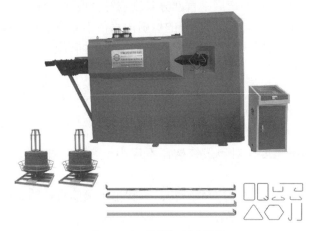

图 3-24　数控钢筋弯箍机

Y 系列数控钢筋弯箍机（表 3-9）具有设备使用故障率低，弯曲钢筋速度快，耗能低不损肋，噪声小、震动轻；效率高（每班可以生产 4 ～ 8t），适用、运行可靠等特点。操作轻便灵活，移动方便，适应大型施工单位及钢筋加工厂、箍筋加工厂箍筋制作。定尺准确，适合大批量及工厂化作业；角度调节范围广，0 ～ 180°任意调整。能弯曲方形、梯形箍筋和 U 形钩，适用于建筑、桥梁、隧道、预制构件等工程的箍筋加工。

表 3-9　Y 系列数控钢筋弯箍机

参数	YFB12C	YFB12D	YFB14	YFB16
单线钢筋直径 /mm	φ5 ～ 12	φ5 ～ 12	φ5 ～ 14	φ5 ～ 16
双线钢筋直径 /mm	φ5 ～ 10	φ5 ～ 10	φ5 ～ 10	φ5 ～ 12
较大弯曲角度 / (°)	180	180	180	180
较大弯曲速度 / (°/s)	1450	1450	1450	1400
较大牵引速度 / (m/min)	130	130	130	100
长度精度 /mm	±1	±1	±1	±1
角度精度 / (°)	±1	±1	±1	±1
平均耗电量 / (kW/h)	4	4	4.5	5.5
主机质量 /kg	2900	2900	2960	3100
外形尺寸 / (mm×mm×mm)(L×W×H)	3500×1400×2100	3500×1400×2100	3500×1400×210	3600×1500×2300

3.2.4　钢筋加工质量检验

（1）主控项目
① 受力钢筋的弯钩和弯折应符合的规定
a. 受力钢筋的弯钩和弯折应做 180°弯钩，其弯弧内直径不应小于钢筋直径的 2.5 倍，

弯钩的弯后平直部分长度不应小于钢筋直径的 3 倍。

b. 当设计要求钢筋末端需做 135°弯钩时，HRB335 级、HRB400 级钢筋的弯弧内直径不应小于钢筋直径的 4 倍，弯钩的弯后平直部分长度应符合设计要求。

c. 钢筋做不大于 90°的弯折时，弯折处的弯弧内直径不应小于钢筋直径的 5 倍。

检查数量：按每工作班同一类型钢筋、同一加工设备抽查不应少于 3 件。

检验方法：钢尺检查。

② 除焊接封闭环式箍筋外，箍筋的末端应做弯钩，弯钩形式应符合设计要求；当设计无具体要求时，应符合下列规定。

a. 箍筋弯钩的弯弧内直径除应满足第①条的规定外，尚应不小于受力钢筋直径。

b. 箍筋弯钩的弯折角度：对一般结构，不应小于 90°；对有抗震等要求的结构，应为 135°。

c. 箍筋弯后平直部分长度：对一般结构，不宜小于箍筋直径的 5 倍；对有抗震等要求的结构，不应小于箍筋直径的 10 倍。

检查数量：按每工作班同一类型钢筋、同一加工设备抽查不应少于 3 件。

检验方法：钢尺检查。

③ 钢筋调直后应进行力学性能和重量偏差的检验，其强度应符合有关标准的规定。

盘卷钢筋和直条钢筋调直后的断后伸长率、重量负偏差应符合表 3-10 的规定。

表 3-10　盘卷钢筋调直后的断后伸长率、重量负偏差应符合的规定

钢筋牌号	断后伸长率 A/%	重量负偏差 /%	
		直径 6 ~ 12mm	直径 14 ~ 16mm
HPB300	≥ 21	≥ -10	—
HRB400、HRBF400	≥ 15	≥ -7	≥ -6
RRB400	≥ 13		
HRB500、HRBF500	≥ 14		

采用无延伸功能的机械设备调直的钢筋，可不进行本条规定的检验。

检查数量：同一厂家、同一牌号、同一规格调直钢筋，质量不大于 30t 为一批；每批见证取 3 件试件。

检验方法：3 个试件先进行重量偏差检验，再取其中 2 个试件经时效处理后进行力学性能检验。检验重量偏差时，试件切口应平滑且与长度方向垂直，且长度不应小于 500mm；长度和重量的量测精度分别不应低于 1mm 和 1g。

（2）一般项目

① 钢筋宜采用无延伸功能的机械设备进行调直，也可采用冷拉方法调直。当采用冷拉方法调直时，HPB300 光圆钢筋的冷拉率不宜大于 4%；HRB400、HRB500、HRBF400、HRBF500 及 RRB400 带肋钢筋的冷拉率不宜大于 1%。

检查数量：每工作班按同一类型钢筋、同一加工设备抽查不应少于 3 件。

检验方法：观察，钢尺检查。

② 钢筋加工的形状、尺寸应符合设计要求，其偏差应符合表 3-11 的规定。

检查数量：按每工作班同一类型钢筋、同一加工设备抽查不应少于 3 件。

检验方法：钢尺检查。

表 3-11　钢筋加工的允许偏差

项目	允许偏差 /mm
受力钢筋顺长度方向全长的净尺寸	±10
弯起钢筋的弯折位置	±20
箍筋内净尺寸	±5

3.3　钢筋连接

3.3.1　钢筋连接方式与连接接头规定

钢筋连接方式，可分为绑扎连接、焊接、机械连接等，纵向受力钢筋的连接方式应符合设计要求。在施工现场，应按《钢筋机械连接通用技术规程》（JGJ 107—2016）、《钢筋焊接及验收规程》（JGJ 18—2012）的规定抽取钢筋机械连接接头、焊接接头试件做力学性能检验，其质量应符合有关规程的规定。

由于钢筋通过连接接头传力的性能总不如整根钢筋，因此设置钢筋连接原则为[《混凝土设计规范 GB 50010—2010》（2015 版）第 8.4.1 条]：受力钢筋的连接接头宜设置在受力较小处；在同一根受力钢筋上宜少设接头；在结构的重要构件和关键传力部位，纵向受力钢筋不宜设置连接接头。同一构件中的纵向受力钢筋接头宜相互错开。

《混凝土结构工程施工质量验收规范》（GB 50204—2011）（2015 年版）也规定：钢筋的接头宜设置在受力较小处；同一纵向受力钢筋不宜设置两个或两个接头；接头末端至钢筋弯起点的距离不应小于钢筋直径的 10 倍。在施工现场，应按《钢筋机械连接通用技术规程》（JGJ 107—2016）、《钢筋焊接及验收规程》（JGJ 18—2018）的规定对钢筋机械连接接头、焊接接头的外观进行检查，其质量应符合有关规程的规定。以上规定均要求用观察的方法全数检查。

（1）接头使用规定

① 直径大于 12mm 以上的钢筋，应优先采用焊接接头或机械连接接头。

② 当受拉钢筋的直径大于 25mm 及受压钢筋的直径大于 28mm 时，不宜采用绑扎接头。

③ 轴向受拉及小偏心受拉构件（如桁架和拱的拉杆）的纵向受力钢筋不得采用绑扎搭接接头。

④ 直接承受动力荷载的结构构件中，其纵向受拉钢筋不得采用绑扎搭接接头。

（2）接头面积允许百分率

同一构件中相邻纵向受力钢筋的绑扎搭接接头宜相互错开，错开的具体规定是以接头面积允许百分率来表达的。

同一连接区段内，纵向钢筋搭接接头面积百分率为该区段内有搭接接头的纵向受力钢筋截面面积与全部纵向受力钢筋截面面积的比值。

① 钢筋绑扎搭接接头连接区段的长度为 $1.3l_l$（l_l 为搭接长度），凡搭接接头中点位于该

连接区段长度内的搭接接头均属于同一连接区段。同一连接区段内，纵向受拉钢筋搭接接头面积百分率应符合设计要求；当设计无具体要求时，应符合下列规定：

　　a. 对梁、板类及墙类构件，不宜大于25%；

　　b. 对柱类构件，不宜大于50%（图3-25）；

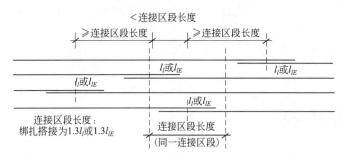

图3-25　同一连接区段内纵向受拉钢筋的绑扎搭接接头

注：图中所示同一连接区段内的搭接接头钢筋为两根，当钢筋直径相同时，钢筋搭接接头面积百分率为50%。

　　c. 当工程中确有必要增大接头面积百分率时，对梁类构件不应大于50%；对其他构件，可根据实际情况放宽。

　　② 钢筋机械连接连接区段的长度为35d（d为连接钢筋的较小直径）；焊接接头连接区段的长度为35d，且不小于500mm。同一连接区段内，纵向受力钢筋的接头面积百分率应符合设计要求；当设计无具体要求时，应符合下列规定。

　　a. 受拉区不宜大于50%（图3-26～图3-28）；

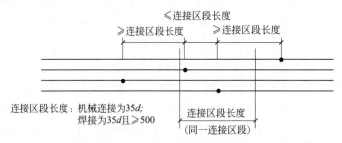

图3-26　同一连接区段内纵向受拉钢筋机械连接、焊接接头

　　注意：绑扎连接、焊接、机械连接的连接区段和接头面积百分率的规定，是为了避免钢筋连接施工质量的风险；绑扎连接的连接区段更长和接头面积百分率要求更严是因为绑扎连接的可靠性不如焊接和机械连接。

　　b. 接头不宜设置在有抗震设防要求的框架梁端、柱端的箍筋加密区；当无法避开时，对等强度高质量机械连接接头，不应大于50%。

　　c. 直接承受动力荷载的结构构件中，不宜采用焊接接头；当采用机械连接接头时，不应大于50%。

　　③ 检查数量。在同一检验批内，对梁、柱和独立基础，应抽查构件数量的10%，且不少于3件；对墙和板，应按有代表性的自然间抽查10%，且不少于3间；对大空间结构，墙可按相邻轴线间高度5m左右划分检查面，板可按纵横轴线划分检查面，抽查10%，且均不少于3面。

　　检验方法：观察，钢尺检查。

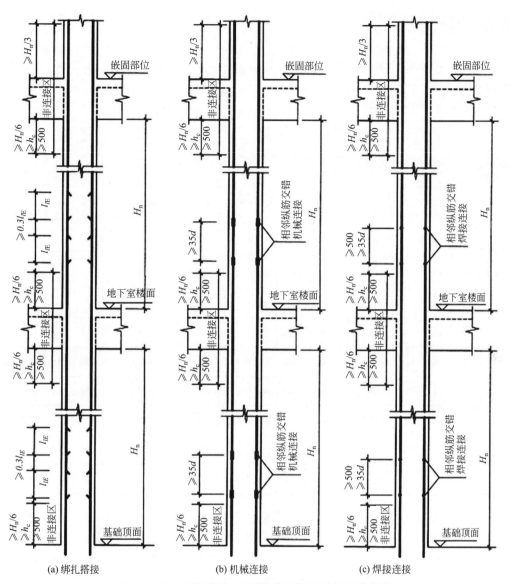

图 3-27 钢筋绑扎、焊接和机械连接连接区段规定

注：当某层连接区的高度小于纵筋分两批搭接所需要的高度时，应改用机械连接或焊接连接。

图 3-28 柱筋焊接连接的连接区段现场拍摄图

3.3.2 绑扎接头

当纵向受拉钢筋的绑扎搭接接头面积百分率不大于 25% 时，其最小搭接长度应符合表 3-12 的规定。

表 3-12　纵向受拉钢筋的最小搭接长度　　　　　　　　　　　　单位：mm

钢筋种类及同一区段内搭接钢筋面积百分率		混凝土强度等级														
		C25		C30		C35		C40		C45		C50		C55		C60	
		$d \leqslant 25$	$d > 25$	$d \leqslant 25$	$d > 25$	$d \leqslant 25$	$d > 25$	$d \leqslant 25$	$d > 25$	$d \leqslant 25$	$d > 25$	$d \leqslant 25$	$d > 25$	$d \leqslant 25$	$d > 25$	$d \leqslant 25$	$d > 25$
HPB300	≤25%	41d	—	36d	—	34d	—	30d	—	29d	—	28d	—	26d	—	25d	—
	50%	48d	—	42d	—	39d	—	35d	—	34d	—	32d	—	31d	—	29d	—
	100%	54d	—	48d	—	45d	—	40d	—	38d	—	37d	—	35d	—	34d	—
HRB400 HRBF400 RRB400	≤25%	48d	53d	42d	47d	38d	42d	35d	38d	34d	37d	32d	36d	31d	35d	30d	34d
	50%	56d	62d	49d	55d	45d	49d	41d	45d	39d	43d	38d	42d	36d	41d	35d	39d
	100%	64d	70d	56d	62d	51d	56d	46d	51d	45d	50d	43d	48d	42d	46d	40d	45d
HRB500 HRBF500	≤25%	58d	64d	52d	56d	47d	52d	43d	48d	41d	44d	38d	42d	37d	41d	36d	40d
	50%	67d	74d	60d	66d	55d	60d	50d	56d	48d	52d	45d	49d	43d	48d	42d	46d
	100%	77d	85d	69d	75d	62d	69d	58d	64d	54d	59d	51d	56d	50d	524d	48d	53d

表 3-12 中数值为纵向受拉钢筋绑扎搭接头的搭接长度，两根不同直径钢筋搭接时，表 3-12 中 d 取较细钢筋直径；当为环氧树脂涂层带肋钢筋时，表 3-12 中数据尚应乘 1.25；当纵向受拉钢筋在施工过程中易受扰动时，表 3-12 中数据应乘 1.1；当搭接长度范围内纵向受力铜筋周边保护层厚度为 3d（d 为搭接钢筋的直径）、5d 时，表中数据尚可分别乘 0.8、0.7，中间时介于 3d 和 4d 之间，按内插值；当上述修正系数多于一项时，可按连乘计算；任何情况下，搭接长度不应小于 300。

在梁、柱类构件的纵向受力钢筋搭接长度范围内，应按设计要求配置箍筋（图 3-29）。当设计无具体要求时，应符合下列规定。

图 3-29　绑扎接头处箍筋加密

① 箍筋直径不应小于搭接钢筋较大直径的 0.25 倍。
② 受拉搭接区段的箍筋的间距不应大于搭接钢筋较小直径的 5 倍，且不应大于 100mm。

③ 受压搭接区段的箍筋的间距不应大于搭接钢筋较小直径的 10 倍，且不应大于 200mm。

④ 当柱中纵向受力钢筋直径大于 25mm 时，应在搭接接头两个端面外 100mm 范围内各设置两个箍筋，其间距宜为 50mm。

3.3.3 钢筋焊接连接

（1）一般规定

钢筋焊接的一般规定如下。

① 电渣压力焊应用于柱、墙、烟囱等现浇混凝土结构中竖向受力钢筋的连接；不得用于梁、板等构件中水平钢筋的连接。

② 在工程开工或每批钢筋正式焊接前，应进行现场条件下的焊接性能试验，合格后方可正式生产。

③ 钢筋焊接施工之前，应清除钢筋或钢板焊接部位和与电极接触的钢筋表面上的锈斑油污、杂物等；钢筋端部若有弯折、扭曲时，应予以矫直或切除。

④ 进行电阻点焊、闪光对焊、电渣压力焊或埋弧压力焊时，应随时观察电源电压的波动情况。对于电阻点焊或闪光对焊，当电源电压下降大于 5%、小于 8% 时，应采取提高焊接变压器级数的措施；当大于或等于 8% 时，不得进行焊接。对于电渣压力焊或埋弧压力焊，当电源电压下降大于 5% 时，不宜进行焊接。

⑤ 对从事钢筋焊接施工的班组及有关人员应经常进行安全生产教育，并应制订和实施安全技术措施，加强焊工的劳动保护，防止发生烧伤、触电、火灾、爆炸以及烧坏焊接设备等事故。

⑥ 焊机应经常维护保养和定期检修，确保正常使用。

（2）钢筋闪光对焊

钢筋闪光对焊是将两根钢筋安放成对接形式，利用焊接电流通过两根钢筋接触点产生的电阻热，使接触点金属熔化，产生强烈飞溅，形成闪光，迅速施加顶锻力完成的一种压焊方法。图 3-30 为钢筋闪光对焊原理，图 3-31 为钢筋闪光对焊现场及接头。

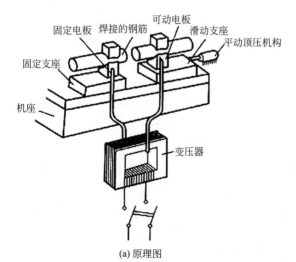

(a) 原理图

(b) 实物图

图 3-30 钢筋闪光对焊原理

(a) 钢筋闪光对焊焊接操作　　　　　　　　(b) 钢筋闪光对焊接头

图 3-31　钢筋闪光对焊现场及接头

2021 年 12 月 14 日，住房和城乡建设部印发的《房屋建筑和市政基础设施工程危及生产安全施工工艺、设备和材料淘汰目录（第一批）》明确：2022 年 6 月 15 日后，新开工项目不得在限制条件和范围内使用本《目录》所列限制类施工工艺、设备和材料。2022 年 9 月 15 日后，全面停止在新开工项目中使用本《目录》所列限制类施工工艺、设备和材料。钢筋闪光对焊工艺为限制类施工工艺。在非固定的专业预制厂（场）或钢筋加工厂（场）内，对直径大于或等于 22mm 的钢筋进行连接作业时，不得使用钢筋闪光对焊工艺。

① 对焊工艺。钢筋闪光对焊的焊接工艺可分为连续闪光焊、预热闪光焊和闪光 - 预热闪光焊等，根据钢筋品种、直径、焊机功率、施焊部位等因素选用。

a. 连续闪光焊。连续闪光焊的工艺过程包括连续闪光和顶锻过程。施焊时，先闭合一次电路，使两根钢筋端面轻微接触，此时端面的间隙中即喷射出火花般熔化的金属微粒——闪光，接着徐徐移动钢筋使两端面仍保持轻微接触，形成连续闪光。当闪光到预定的长度，使钢筋端头加热到将近熔点时，就以一定的压力迅速进行顶锻。先带电顶锻，再无电顶锻到一定长度，焊接接头即告完成。

b. 预热闪光焊。预热闪光焊是在连续闪光焊前增加一次预热过程，以扩大焊接热影响区。其工艺过程包括预热、闪光和顶锻过程。施焊时先闭合电源，然后使两根钢筋端面交替地接触和分开，这时钢筋端面的间隙中即发出断续的闪光，而形成预热过程。当钢筋达到预热温度后进入闪光阶段，随后顶锻而成。

c. 闪光 - 预热闪光焊。闪光 - 预热闪光焊是在预热闪光焊前加一次闪光过程，目的是使不平整的钢筋端面烧化平整，使预热均匀。其工艺过程包括一次闪光、预热、二次闪光及顶锻过程。施焊时首先连续闪光，使钢筋端部闪平，之后过程同预热闪光焊。

闪光对焊的对焊参数包括调伸长度、闪光留量、闪光速度、顶锻留量、顶锻速度、顶锻压力及变压器级次。采用预热闪光焊时，还要有预热留量与预热频率等参数。

② 对焊接头质量检验

a. 取样数量。在同一台班内，由同一焊工，按同一焊接参数完成的 300 个同类型接头作为一批。一周内连续焊接时，可以累计计算。一周内累计不足 300 个接头时，也按一批计算。

钢筋闪光对焊接头的外观检查，每批抽查 10% 的接头，且不得少于 10 个。

钢筋闪光对焊接头的力学性能试验包括拉伸试验和弯曲试验，应从每批成品中切取 6 个试件，3 个进行拉伸试验，3 个进行弯曲试验。

b. 外观检查。钢筋闪光对焊接头的外观检查，应符合下列要求。

Ⅰ. 接头处不得有横向裂纹。

Ⅱ. 与电极接触处的钢筋表面，不得有明显的烧伤。

Ⅲ. 接头处的钢筋轴线偏移 α，不得大于钢筋直径 d 的 0.1 倍，且不得大于 2mm；其测量方法见图 3-32。

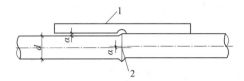

图 3-32　对焊接头轴线偏移测量方法

1—测量尺；2—对焊接头

Ⅳ. 当有一个接头不符合要求时，应对全部接头进行检查，剔出不合格接头，切除热影响区后重新焊接。

c. 拉伸试验。钢筋对焊接头拉伸试验时，应符合下列要求。

Ⅰ. 三个试件的抗拉强度均不得低于该级别钢筋的抗拉强度标准值。

Ⅱ. 至少有两个试样断于焊缝之外，并呈延性断裂。

当检验结果有一个试件的抗拉强度低于规定指标，或有两个试件在焊缝或热影响区发生脆性断裂时，应取双倍数量的试件进行复验。复验结果，若仍有一个试件的抗拉强度低于规定指标，或有三个试件呈脆性断裂，则该批接头即为不合格品。

模拟试件的检验结果不符合要求时，复验应从成品中切取试件，其数量和要求与初试时相同。

d. 弯曲试验。钢筋闪光对焊接头弯曲试验时，应将受压面的金属毛刺和镦粗变形部分去掉，与母材的外表齐平。

弯曲试验可在万能试验机、手动或电动液压弯曲机上进行，焊缝应处于弯曲的中心点，弯心直径见表 3-13。弯曲至 90°时，至少有 2 个试件不得发生破断。

表 3-13　钢筋对接接头弯曲试验指标

钢筋级别	弯心直径 /mm	弯曲角 / (°)
HPB300 级	2d	90
HRB400 级	5d	90

注：1. d 为直径。

2. 直径大于 25mm 的钢筋对焊接头，做弯曲试验时弯心直径应增加一个钢筋直径。

当试验结果有 2 个试件发生破断时，应再取 6 个试件进行复验。复验结果如仍有 3 个试件发生破断，应确认该批接头为不合格品。

（3）钢筋电弧焊

钢筋电弧焊是以焊条作为一板、钢筋为另一板，利用焊接电流通过产生的电弧热进行焊接的一种熔焊方法。钢筋电弧焊包括帮条焊、搭接焊、坡口焊和熔槽帮条焊等接头形式。电弧焊在建筑工程中广泛应用于钢结构中钢板与钢板的焊接，但在钢筋连接中，电弧焊连接形式主要是帮条焊和搭接焊；在预埋件与钢筋的常用 T 字连接中，电弧焊连接形式则分为贴角焊和穿孔塞焊两种。

① 帮条焊和搭接焊。帮条焊和搭接焊宜采用双面焊（图 3-33）。当不能进行双面焊时，可采用单面焊（图 3-34）。当帮条级别与主筋相同时，帮条直径可与主筋相同或小一个规格；

当帮条直径与主筋相同时，帮条级别可与主筋相同或低一个级别。

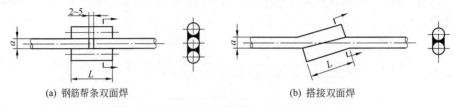

图 3-33　钢筋帮条及搭接双面焊（单位：mm）

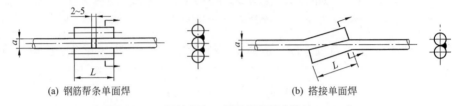

图 3-34　钢筋帮条及搭接单面焊（单位：mm）

d—钢筋直径；L—搭接长度

a. 施焊前，钢筋的装配与定位，应符合下列要求。

Ⅰ. 采用帮条焊时，两主筋端面之间的间隙应为 2 ～ 5mm。

Ⅱ. 采用搭接焊时，焊接端钢筋应预弯，并应使两钢筋的轴线在一直线上。

Ⅲ. 帮条和主筋之间应采用四点定位焊固定；搭接焊时，应采用两点固定；定位焊缝与帮条端部或搭接端部的距离应大于或等于 20mm。

b. 施焊时，应在帮条焊或搭接焊形成焊缝中引弧；在端头收弧前应填满弧坑，并应使主焊缝与定位焊缝的始端和终端熔合。

c. 帮条焊或搭接焊的焊缝有效厚度 s 不应小于主筋直径的 30%，焊缝宽度 b 不应小于主筋直径的 80%。

d. 钢筋与钢板焊接时，搭接长度要符合规定。焊缝宽度不得小于钢筋直径的 0.5 倍，焊缝厚度不得小于钢筋直径的 0.35 倍。

② 预埋件电弧焊。预埋件 T 字接头电弧焊分为角焊和穿孔塞焊两种。

采用角焊时，焊缝的焊脚 K：对 HPB300 级钢筋，不得小于 0.5d（d 为钢筋直径）；对 HRB335 级钢筋，不得小于 0.6d。

采用穿孔塞焊时，钢板的孔洞应做成喇叭口，其内口直径应比钢筋直径 d 大 4mm，倾斜角度为 45°，钢筋缩进 2mm。

施焊中，电流不宜过大，不得使钢筋咬边和烧伤。

（4）钢筋电渣压力焊

钢筋电渣压力焊是将两根钢筋安放成竖向对接形式，利用焊接电流通过两根钢筋端间间隙，在焊剂层下形成电弧过程和电渣过程，产生电弧热和电阻热，熔化钢筋，加压完成的一种压焊方法。这种焊接方法比电弧焊节省钢材、工效高、成本低，适用于现浇混凝土结构中竖向或斜向（倾斜度在 4∶1 范围内）钢筋的连接。

电渣压力焊在供电条件差、电压不稳、雨季或防火要求高的场合应慎用。

① 焊接工艺和焊接参数。施焊前，焊接夹具的上、下钳口应夹紧在上、下钢筋上；钢

筋一经夹紧，不得晃动。

电渣压力焊的工艺过程包括引弧、电弧、电渣和顶压过程。杠杆式单柱焊接机头如图 3-35 所示。

a. 引弧过程。宜采用铁丝圈引弧法，也可采用直接引弧法。铁丝圈引弧法是将铁丝圈放在上、下钢筋端头之间，高约 10mm，电流通过铁丝圈与上、下钢筋端面的接触点形成短路引弧。直接引弧法是在通电后迅速将上钢筋提起，使两端头之间的距离为 2 ～ 4mm 引弧。当钢筋端头夹杂不导电物质或过于平滑造成引弧困难时，可以多次把上钢筋移下与下钢筋短接后再提起，达到引弧目的。

b. 电弧过程。靠电弧的高温作用，将钢筋端头的凸出部分不断烧化；同时将接口周围的焊剂充分熔化，形成一定深度的渣池。

c. 电渣过程。渣池形成一定深度后，将上钢筋缓缓插入渣池中，此时电弧熄灭，进入电渣过程。由于电流直接通过渣池，产生大量的电阻热，使渣池温度升到近 2000℃，将钢筋端头迅速而均匀熔化。图 3-36 所示为电渣压力焊接头。

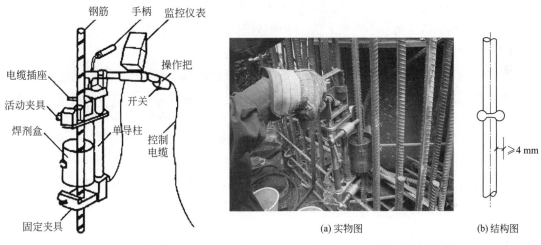

图 3-35　杠杆式单柱焊接机头　　　　图 3-36　电渣压力焊接头

d. 顶压过程。当钢筋端头达到全截面熔化时，迅速将上钢筋向下顶压，将熔化的金属、熔渣及氧化物等杂质全部挤出结合面，同时切断电源，焊接即告结束。

e. 接头焊毕，应停歇后，方可回收焊剂和卸下焊接夹具，并敲去渣壳。

② 电渣压力焊接头质量检验

a. 取样数量。电渣压力焊接头应逐个进行外观检查。当进行力学性能试验时，应从每批接头中随机切取 3 个试件做拉伸试验，且应按下列规定抽取试件。

Ⅰ. 在一般构筑物中，应以 300 个同级别钢筋接头作为一批。

Ⅱ. 在现浇钢筋混凝土多层结构中，应以每一楼层或施工区段中 300 个同级别钢筋接头作为一批，不足 300 个接头仍应作为一批。

b. 外观检查。电渣压力焊接头外观检查结果应符合下列要求。

Ⅰ. 四周焊包凸出钢筋表面的高度应大于或等于 4mm。

Ⅱ. 钢筋与电极接触处，应无烧伤缺陷。

Ⅲ. 接头处的弯折角不得大于 2°（图 3-37）。

Ⅳ. 接头处的轴线偏移不得大于 1mm（图 3-38）。

图 3-37　接头弯折角　　　　图 3-38　轴线偏移

Ⅴ. 外观检查不合格的接头应切除重焊，或采用补强焊接措施。

c. 拉伸试验。电渣压力焊接头拉伸试验结果，3 个试件的抗拉强度均不得小于该级别钢筋规定的抗拉强度。

当试验结果有 1 个试件的抗拉强度低于规定值，应再取 6 个试件进行复验。复验结果当仍有 1 个试件的抗拉强度小于规定值，应确认该批接头为不合格品。

（5）钢筋电阻电焊

混凝土结构中钢筋焊接骨架和钢筋焊接网，宜采用电阻点焊制作。钢筋焊接骨架和钢筋焊接网在焊接生产中，当两根钢筋直径不同时，对于焊接骨架，较小钢筋直径小于或等于 10mm 时，大、小钢筋直径之比不宜大于 3；当较小钢筋直径为 12 ～ 16mm 时，大、小钢筋直径之比不宜大于 2。对于焊接网，较小钢筋直径不得小于较大钢筋直径的 60%。

电阻点焊的工艺过程包括预压、通电、锻压三个阶段。在点焊生产中，应经常保持电极与钢筋之间接触面的清洁平整；当电极使用变形时，应及时修整。钢筋点焊生产过程中，应随时检查制品的外观质量；当发现焊接缺陷时，应查找原因并采取措施，及时消除。

3.3.4　钢筋机械连接

钢筋机械连接是指通过连接件的机械咬合作用或钢筋端面的承压作用，将一根钢筋中的力传递至另一根钢筋的连接方法。这类连接方法是我国近 15 年来陆续发展起来的，它具有以下优点：接头质量稳定可靠，不受钢筋化学成分的影响，人为因素的影响也小；操作简便，施工速度快，且不受气候条件影响；无污染、无火灾隐患、施工安全等。在粗直径钢筋连接中，钢筋机械连接方法有广阔的发展前景。

钢筋机械连接方法分类及适用范围见表 3-14。钢筋机械连接接头的设计、应用与验收应符合行业标准《钢筋机械连接通用技术规程》（JGJ 107—2016）和各种机械连接接头技术规程的规定。

表 3-14　钢筋机械连接方法分类及适用范围

机械连接方法	适用范围	
	钢筋级别	钢筋直径 /mm
钢筋套筒挤压连接	HRB400、RRB400	16 ～ 40
		16 ～ 40

机械连接方法		适用范围	
		钢筋级别	钢筋直径 /mm
钢筋锥螺纹套筒连接		HRB400、RRB400	16 ～ 40
			16 ～ 40
钢筋镦粗直螺纹套筒连接		HRB400	16 ～ 40
钢筋滚压直螺纹套筒连接	直接滚压	HRB400	16 ～ 40
	挤肋滚压		16 ～ 40
	剥肋滚压		16 ～ 50

从表 3-14 可知，钢筋机械连接方法有钢筋套筒挤压连接、钢筋锥螺纹套筒连接和钢筋直螺纹套筒连接三大类。

（1）钢筋套筒挤压连接

钢筋套筒挤压连接（图 3-39）是将两根待接钢筋插入钢套筒，用挤压连接设备沿径向挤压钢套筒，使之产生延性变形，依靠变形后的钢套筒与被连接钢筋纵、横肋产生的机械咬合成为整体的钢筋连接方法。这种接头质量稳定性好，可与母材等强，但操作工人工作强度高，有时液压油污染钢筋，综合成本较高。钢筋挤压连接，还要求钢筋最小中心间距为90mm。由于以上原因，目前建筑结构设计很少采用钢筋套筒挤压连接。

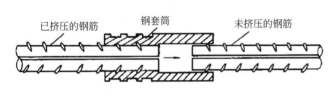 

（a）剖面图　　　　　　　　　　　　　　　　（b）接头

图 3-39　钢筋套筒挤压连接

（2）钢筋锥螺纹套筒连接

钢筋锥螺纹套筒连接（图 3-40）是将两根待接钢筋端头用套丝机做出锥形外丝，然后用带锥形内丝的套筒将两根钢筋两端拧紧的钢筋连接方法。这种接头质量稳定性一般，安装施工速度快，综合成本低，缺陷是不能做到与母材等强，钢筋套丝费时。目前建筑结构设计也很少采用钢筋锥螺纹套筒连接。

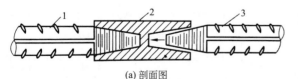

（a）剖面图　　　　　　　　　　　　　　　（b）接头

图 3-40　钢筋锥螺纹套筒连接

1—已连接的钢筋；2—锥螺纹套筒；3—待连接的钢筋

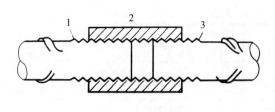

(a) 剖面图   (b) 接头

图 3-41 　钢筋直螺纹套筒连接

1—已连接的钢筋；2—直螺纹套筒；3—正在拧入的钢筋

　　钢筋直螺纹套筒连接（图 3-41）成本低、施工速度快，且接头能做到母材等强以上，因此应用最广，但因为成本仍然高于焊接，目前建筑结构设计往往规定应用在直径 22mm 以上的二三级热轧钢筋和余热处理带肋钢筋上。钢筋直螺纹连接分钢筋镦粗直螺纹套筒连接和钢筋滚压直螺纹套筒连接，其中钢筋滚压直螺纹套筒连接又分直接滚压、挤肋滚压和剥肋滚压，下面详述如下。

　　① 钢筋镦粗直螺纹套筒连接。钢筋镦粗直螺纹套筒连接是先将钢筋端头镦粗，再切削成直螺纹，然后用带直螺纹的套筒将钢筋两端拧紧的钢筋连接方法。镦粗直螺纹钢筋接头的特点是：钢筋端部经冷镦后不仅直径增大，使套丝后丝扣底部横截面积不小于钢筋原面积，而且由于冷镦后钢材强度的提高，致使接头部位有很高的强度，断裂均发生在母材，达到 SA 级接头性能的要求。这种接头的螺纹精度高，接头质量稳定性好，操作简便，连接速度快，价格适中。图 3-42 为钢筋镦粗要求示意，表 3-15 为钢筋镦粗指标要求。

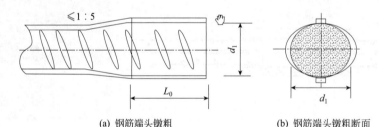

(a) 钢筋端头镦粗   (b) 钢筋端头镦粗断面

图 3-42 　钢筋镦粗要求示意

d_1—钢筋镦粗后的直径；L_0—钢筋镦粗后的长度

表 3-15 　钢筋镦粗指标要求

钢筋规格	A16	A18	A20	A22	A25	A28	A32	A36	A40
镦粗压力 /MPa	12～14	15～17	17～19	21～23	22～24	24～26	29～31	26～28	28～30
镦粗基圆直 /mm	19.5～20.5	21.5～22.5	23.5～24.5	24.5～25.5	28.5～29.5	31.5～32.5	35.5～36.5	39.5～40.5	44.5～45.5
镦粗缩短尺寸 /mm	12±3	12±3	12±3	15±3	15±3	15±3	15±3	18±3	18±3
镦粗长度 /mm	16～18	18～20	20～23	22～25	25～28	28～31	32～35	36～39	40～43

a. 机具设备

Ⅰ. 钢筋液压冷镦机（图 3-43），是钢筋端头镦粗用的一种专用设备。其型号有 HJC200 型（Φ18 ～ 40）、HJC250 型（Φ20 ～ 40）、GZD40、CDJ-50 型等。

Ⅱ. 钢筋直螺纹套丝机（图 3-44），是将已镦粗或未镦粗的钢筋端头切削成直螺纹的一种专用设备。其型号有 GZL-40、HZS-40、GTS-50 型等。

图 3-43　钢筋液压冷镦机　　　　图 3-44　钢筋直螺纹套丝机

Ⅲ. 量规（通规、止规）、扭力扳手（图 3-45）等。量规是一种无刻度的专用检验工具，用它来检验工件时，只能判断工件是否合格，而不能测量出工件的实际尺寸。检验工件孔径的量规一般又称为塞规，检验工件轴径的量规一般称为卡规。塞规有通规和止规两部分，应成对使用，尺寸较小的塞规，其通规和止规直接配制在一个塞规体上，尺寸较大的塞规，做成片状或棒状的。扭力扳手是一种拧紧工具。

 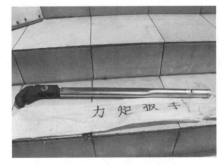

(a) 量规（通规、止规）　　　　　　(b) 扭力扳手

图 3-45　量规、扭力扳手

b. 镦粗直螺纹套筒。镦粗直螺纹套筒有同径连接套筒、异径连接套筒和可调节连接套筒三种，其中同径连接套筒分右旋和左右旋两种。

Ⅰ. 材质要求：对 HRB400 级钢筋，采用 45 号经调质处理，或用性能不低于 HRB400 钢筋性能的其他钢种。

Ⅱ. 质量要求：连接套筒表面无裂纹，螺牙饱满，无其他缺陷；牙形规检查合格，用直螺纹塞规检查其尺寸精度；连接套筒两端头的孔必须用塑料盖封上，以保持内部洁净，干燥防锈。

c. 钢筋加工与检验

Ⅰ. 钢筋下料时，应采用砂轮切割机，切口的端面应与轴线垂直，不得有马蹄形或挠曲。

Ⅱ. 钢筋下料后，在液压冷锻压床上将钢筋镦粗。不同规格的钢筋冷镦后的尺寸，见

表 3-16。根据钢筋直径、冷镦机性能及镦粗后的外形效果，通过试验确定适当的镦粗压力。操作中要保证镦粗头与钢筋轴线不得大于 4° 的倾斜，不得出现与钢筋轴线相垂直的横向表面裂缝。发现外观质量不符合要求时，应及时割除，重新镦粗。

Ⅲ. 钢筋冷镦后，在钢筋套丝机上切削加工螺纹。钢筋端头螺纹规格应与连接套筒的型号匹配。钢筋螺纹加工质量要求是：牙形饱满，无断牙、秃牙等缺陷。

Ⅳ. 钢筋螺纹加工后，随即用配置的量规逐根检测。合格后，再由专职质检员按一个工作班 10% 的比例抽样校验。如发现有不合格螺纹，应全部逐个检查，并切除所有不合格螺纹，重新镦粗和加工螺纹。

d. 现场连接施工

Ⅰ. 对连接钢筋可自由转动的，先将套筒预先部分或全部拧入一个被连接钢筋的螺纹内，尔后转动连接钢筋或反拧套筒到预定位置，最后用扳手转动连接钢筋，使其相互对顶锁定连接套筒。

Ⅱ. 对于钢筋完全不能转动，如弯折钢筋或还要调整钢筋内力的场合，如施工缝、后浇带，可将锁定螺母和连接套筒预先拧入加长的螺纹内，再拧入另一根钢筋端头螺纹上，最后用锁定螺母锁定连接套筒；或配套应用带有正反螺纹的套筒，以便从一个方向上能松开或拧紧两根钢筋。

Ⅲ. 直螺纹钢筋连接时，应采用扭力扳手按表 3-16 规定的力矩值把钢筋接头拧紧。

表 3-16　直螺纹钢筋接头拧紧力矩值

钢筋直径 /mm	16～18	20～22	25	28	32	36～40
拧紧力矩 /N·m	100	200	250	280	320	350

e. 接头质量检验

Ⅰ. 钢筋连接开始前及施工过程中，应对每批进场钢筋进行接头连接工艺检验。每种规格钢筋的接头试件不应少于 3 个，做单向拉伸试验。其抗拉强度应能发挥钢筋母材强度或大于 1.15 倍钢筋抗拉强度标准值。

Ⅱ. 接头的现场检验按验收批进行。同一施工条件下采用同一批材料的同等级别、同规格接头，以 500 个为 1 个验收批。对接头的每一个验收批，必须在工程结构中随机抽取 3 个试件做单向拉伸试验。当 3 个试件的抗拉强度都能发挥钢筋母材强度或大于 1.15 倍钢筋抗拉强度标准值时，该验收批达到 SA 级强度指标。如有 1 个试件的抗拉强度不符合要求，应加倍取样复验。如 3 个试件的抗拉强度仅达到该钢筋的抗拉强度标准值，则该验收批降为 A 级强度指标。

在现场连续检验 10 个检验批，全部单向拉伸试件一次抽样均合格时，验收批接头数量可扩大 1 倍。

② 钢筋滚压直螺纹套筒连接。钢筋滚压直螺纹套筒连接是利用金属材料延性变形后冷作硬化增强金属材料强度的特性，使接头与母材等强的连接方法。根据滚压直螺纹成型方式，又可分为直接滚压螺纹、挤压肋滚压螺纹、剥肋滚压螺纹三种类型。

a. 直接滚压螺纹加工。采用钢筋滚丝机（型号：GZL-32、GYZL-40、GSJ-40、HGS40 等）直接滚压螺纹。此法螺纹加工简单，设备投入少，但由于钢筋粗细不均导致螺纹直径差异即螺纹精度差，施工受影响。

b. 挤压肋滚压螺纹加工。采用专用挤压设备滚轮先将钢筋的横肋和纵肋进行预压平处理，然后滚压螺纹。其目的是减轻钢筋肋对成型螺纹的影响。此法对螺纹精度有一定提高，但仍不能从根本上解决钢筋直径差异对螺纹精度的影响，螺纹加工需要两套设备。

c. 剥肋滚压螺纹加工。采用钢筋剥肋滚丝机（型号：GHG40、GHG50），先将钢筋的横肋和纵肋进行剥切处理后，使钢筋滚丝前的柱体直径达到同一尺寸，然后进行螺纹滚压成型。此法螺纹精度高，接头质量稳定，施工速度快，价格适中，具有较大的发展前景。

钢筋剥肋滚丝机（图 3-46）由台钳、剥肋机构、滚丝头、减速机、涨刀机构、冷却系统、电器控制系统、机座等组成。其工作过程是：先将待加工钢筋夹持在夹钳上，开动机器，扳动进给装置，使动力头向前移动，开始剥肋滚压螺纹，待滚压到调定位置后，设备自动停机并反转，将钢筋端部退出滚压装置，扳动进给装置将动力头复位停机，螺纹即加工完成。

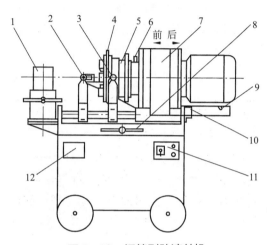

图 3-46　钢筋剥肋滚丝机

1—台钳；2—涨刀触头；3—收刀触头；4—剥肋机构；5—滚丝头；6—上水管；7—减速机；8—进给手柄；
9—行程挡块；10—行程开关；11—控制面板；12—标牌

滚压直螺纹接头的单向拉伸试验破坏形式有三种：钢筋母材拉断、套筒拉断、钢筋从套筒中滑脱，只要满足强度要求，任何破坏形式均可判断为合理。

3.4　钢筋绑扎与安装

3.4.1　钢筋现场绑扎

（1）准备工作

① 核对成品钢筋的钢号、直径、形状、尺寸和数量等是否与料单料牌相符。如有错漏，应纠正增补。

② 准备绑扎用的铁丝、绑扎工具（如钢筋钩、带扳口的小撬棍），绑扎架等。

钢筋绑扎用的铁丝，可采用 20 ～ 22 号铁丝，其中 22 号铁丝只用于绑扎直径 12mm 以下的钢筋。因铁丝是成盘供应的，故习惯上是按每盘铁丝周长的几分之一来切断。

③ 准备控制混凝土保护层用的水泥砂浆垫块或塑料卡。2021 年 12 月 14 日，住房和城乡建设部印发的《房屋建筑和市政基础设施工程危及生产安全施工工艺、设备和材料淘汰目录

（第一批）》明确：2022 年 6 月 15 日后，新开工项目不得在限制条件和范围内使用本《目录》所列限制类施工工艺、设备和材料。2022 年 9 月 15 日后，全面停止在新开工项目中使用本《目录》所列禁止类施工工艺、设备和材料。现场简易制作钢筋保护层垫块工艺为禁止类施工工艺。

水泥砂浆垫块的厚度，应等于保护层厚度，即结构构件中钢筋外边缘至构件表面范围用于保护钢筋的混凝土厚度，根据《混凝土结构设计规范》（GB 50010—2010）（2015 版）规定：设计使用年限为 50 年的混凝土结构，最外层钢筋的保护层厚度不应小于表 3-17 中数值的 1.4 倍。垫块的平面尺寸：当保护层厚度等于或小于 20mm 时，为 30mm×30mm，大于 20mm 时，为 50mm×50mm。当在垂直方向使用垫块时，可在垫块中埋入 20 号铁丝。水泥砂浆垫块如图 3-47 所示。

塑料卡的形状有两种：塑料垫块和塑料环圈，见图 3-48、图 3-49。塑料垫块用于水平构件（如梁、板），在两个方向均有凹槽，以便适应两种保护层厚度。塑料环圈用于垂直构件（如柱、墙），使用时钢筋从卡嘴进入卡腔；由于塑料环圈有弹性，可使卡腔的大小能适应钢筋直径的变化。

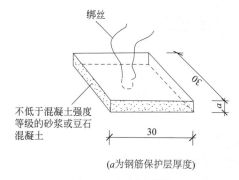

（a 为钢筋保护层厚度）

图 3-47 水泥砂浆垫块

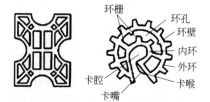

(a) 板钢筋保护层塑料块 (b) 梁柱钢筋保护层塑料卡

图 3-48 控制混凝土保护层用的塑料卡

图 3-49 钢筋保护层用的塑料卡

表 3-17 混凝土保护层的最小厚度 c　　　　　　　　　　　单位：mm

环境类别	板、墙	梁、柱
一	15	20
二 a	20	25
二 b	25	35

环境类别	板、墙	梁、柱
三 a	30	40
三 b	40	50

注：1. 混凝土强度等级不大于 C25 时，表中保护层厚度数值应增加 5mm。

2. 钢筋混凝土基础宜设置混凝土垫层，基础中钢筋的混凝土保护层厚度应从垫层顶面算起，且不应小于 40mm。

在上层钢筋网（板上层受力筋因为承受负弯矩，又称负筋）下面应设置钢筋撑脚，俗称铁马凳（图 3-50、图 3-51），用直径 8～10mm 的钢筋下脚料加工而成。对于楼板，一般每隔 1m 设置一个，离梁边越近密度宜适当加大，以保证钢筋位置正确，混凝土浇筑时铁马凳就直接埋入混凝土中。

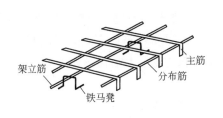

(a) 铁马凳平面配置布置图

(b) 铁马凳布置实物

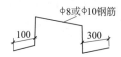

(c) 铁马凳做法示意

(d) 铁马凳实物

图 3-50　铁马凳平面配置示意

(a) 混凝土预制块马凳

(b) 塑料块马凳

图 3-51　不同材料马凳的做法

④ 划出钢筋位置线。平板或墙板的钢筋，在模板上划线（图 3-52）；柱的箍筋，在两根对角线主筋上划点；梁的箍筋，则在架立筋上划点；基础的钢筋，在两向各取一根钢筋划点或在垫层上划线。

⑤ 钢筋接头的位置，应根据来料规格，结合规范对有关接头位置、数量的具体规定，使其错开，在模板上划线。

⑥ 绑扎形式复杂的结构部位时，应先研究逐根钢筋穿插就位的顺序，并与模板工联系讨论支模和绑扎钢筋的先后次序，以减少绑扎困难。

⑦ 钢筋绑扎接头

a. 钢筋绑扎接头宜设置在受力较小处。同一纵向受力钢筋不宜设置两个或两个以上接头。接头末端至钢筋弯起点的距离不应小于钢筋直径的 10 倍。

图 3-52　板钢筋位置线

b. 同一构件中相邻纵向受力钢筋的绑扎搭接接头宜相互错开。同一连接区段内，纵向受拉钢筋绑扎搭接接头的面积百分率及箍筋配置要求，可参照图 3-26、图 3-27 所示钢筋连接方式与连接接头规定。

c. 当出现下列情况，如钢筋直径大于 25mm、混凝土凝固过程中受力钢筋易受扰动、涂环氧板的钢筋、带肋钢筋末端采取机械锚固措施、混凝土保护层厚度大于钢筋直径的 3 倍、抗震结构构件等，纵向受拉钢筋的最小搭接长度应按《混凝土结构设计规范》（GB 50010—2010）（2015 版）的规定修正。

d. 在绑扎接头的搭接长度范围内，应采用铁丝至少绑扎三点。

（2）基础钢筋绑扎

① 钢筋网的绑扎。四周两行钢筋交叉点应每点扎牢，中间部分交叉点可相隔交错扎牢，但必须保证受力钢筋不位移。双向主筋的钢筋网，则需将全部钢筋相交点扎牢。绑扎时应注意相邻绑扎点的铁丝扣要成八字形，以免网片歪斜变形。

② 基础底板采用双层钢筋网时，在上层钢筋网下面应设置钢筋撑脚或混凝土撑脚，以保证钢筋位置正确。

钢筋撑脚的形式如图 3-53 所示，每隔 1m 放置一个。其直径选用：当板厚 $h \leqslant 30cm$ 时，为 $8 \sim 10mm$；当板厚 $h = 30 \sim 50mm$ 时，为 $12 \sim 14mm$；当板厚 $h > 50cm$ 时，为 $16 \sim 18mm$。

③ 筋的弯钩应朝上，不要倒向一边；但双层钢筋网的上层钢筋弯钩应朝下。

④ 立柱基础为双向弯曲，其底面短边的钢筋应放在长边钢筋的上面。

⑤ 现浇柱与基础连接用的插筋，其箍筋应比柱的箍筋缩小一个柱筋直径，以便连接。插筋位置一定要固定牢固，以免造成柱轴线偏移。

⑥ 对厚片筏上部钢筋网片，可采用钢管临时支撑体系。图 3-54（a）示出绑扎上部钢筋网片用的钢管支撑。在上部钢筋网片绑扎完毕后，需置换出水平钢管；为此另取一些垂直钢管通过直角扣件与上部钢筋网片的下层钢筋连接起来（该处需另用短钢筋段加强），替换了原支撑体系，见图 3-54（b）。在混凝土浇筑过程中，逐步抽出垂直钢管，见图 3-54（c）。此时，上部荷载可由附近的钢管及上、下端均与钢筋网焊接的多个拉结筋来承受。由于混凝土不断浇筑与凝固，拉结筋细长比减少，提高了承载力。

（3）柱钢筋绑扎

① 柱中的竖向钢筋搭接时，角部钢筋的弯钩应与模板成 45°（多边形柱为模板内角的平分角，圆形柱应与模板切线垂直），

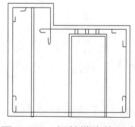

图 3-53　钢筋撑脚的形式

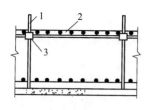
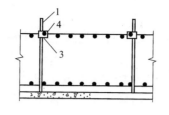
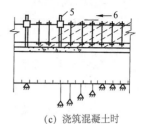

(a) 绑扎上部钢筋网片时　　　　(b) 浇筑混凝土前　　　　(c) 浇筑混凝土时

图 3-54　厚片筏上部钢筋网片的钢管临时支撑

1—垂直钢管；2—水平钢管；3—直角扣件；4—下层水平钢筋；5—待拔钢管；6—混凝土浇筑方向

中间钢筋的弯钩应与模板成 90°。如果用插入式振捣器浇筑小型截面柱，弯钩与模板的角度不得小于 15°。

② 箍筋的接头（弯钩叠合处）应交错布置在四角纵向钢筋上（图 3-55）；箍筋转角与纵向钢筋交叉点均应扎牢（箍筋平直部分与纵向钢筋交叉点可间隔扎牢），绑扎箍筋时绑扣相互间应成八字形。

③ 下层柱的钢筋露出楼面部分，如用搭接方式，宜用工具式柱箍将其收进一个主筋直径，以利上层柱的钢筋搭接。当柱截面有变化时，其下层柱钢筋的露出部分，必须在绑扎梁的钢筋之前，先行收缩准确。

④ 框架梁、牛腿及柱帽等钢筋，应放在柱的纵向钢筋内侧。

⑤ 柱钢筋的绑扎，应在模板安装前进行。

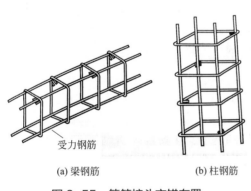

受力钢筋

(a) 梁钢筋　　　　　(b) 柱钢筋

图 3-55　箍筋接头交错布置

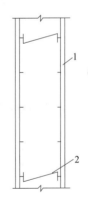

图 3-56　墙钢筋的撑铁

1—钢筋网；2—撑铁

（4）墙钢筋绑扎

① 墙（包括水塔壁、烟囱筒身、池壁等）的垂直钢筋每段长度不宜超过 4m（钢筋直径 ≤ 12mm）或 6m（钢筋直径＞12mm），水平钢筋每段长度不宜超过 8m，以利于绑扎。

② 墙的钢筋网绑扎同基础，钢筋的弯钩应朝向混凝土内。

③ 采用双层钢筋网时，在两层钢筋间应设置撑铁，以固定钢筋间距（图 3-56）。撑铁可用直径 6 ～ 10mm 的钢筋制成，长度等于两层网片的净距，间距约为 1m，相互错开排列。

④ 墙钢筋的绑扎，可在基础钢筋绑扎之后浇筑混凝土前插入基础内。

⑤ 墙钢筋的绑扎，也应在模板安装前进行。

（5）梁板钢筋绑扎

① 纵向受力钢筋采用双层排列时，两排钢筋之间应垫以直径≥25mm 的短钢筋，以保持其设计距离。

② 箍筋的接头（弯钩叠合处）应交错布置在两根架立钢筋上，其余同柱。

③ 板钢筋的绑扎与基础相同，但应注意板上部的负筋，要防止被踩下；特别是雨棚、挑檐、阳台等悬臂板，要严格控制负筋位置，以免拆模后断裂。

④ 板、次梁与主梁交叉处，板的钢筋在上，次梁的钢筋居中，主梁的钢筋在下（图 3-57）；当有圈梁或垫梁时，主梁的钢筋在上（图 3-58）。

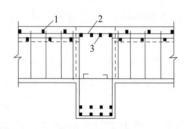

图 3-57　板、次梁与主梁交叉处钢筋
1—板的钢筋；2—次梁钢筋；3—主梁钢筋

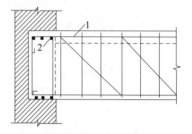

图 3-58　主梁与垫梁交叉处钢筋
1—主梁钢筋；2—垫梁钢筋

⑤ 框架节点处钢筋穿插十分稠密时，应特别注意梁顶面主筋间的净距要大于等于30mm，以利于浇筑混凝土。

⑥ 梁钢筋的绑扎与模板安装之间的配合关系是：梁的高度较小时，梁的钢筋架空在梁顶上绑扎，然后落位；梁的高度较大（≥1.0m）时，梁的钢筋宜在梁底模上绑扎，其两侧模或一侧模后装。

⑦ 梁板钢筋绑扎时，应防止水电管线将钢筋抬起或压下。

3.4.2　现浇框架柱内预埋拉结钢筋

现浇钢筋混凝土框架内经常需要预埋拉结钢筋，以便与隔墙砌体进行拉结，在柱内预埋拉结筋有很多方法，下面介绍四种常用施工方法。

（1）穿越法

穿越法就是在模板上打眼，把拉结筋从眼中穿过，拉结筋在模板内的部分与柱主筋发生联系。穿越法的优点在于拉结钢筋锚固有力、位置准确、不用焊接。这种方法最大的不足在于它破坏了模板，尤其是对于钢模板，破坏力更大，其次就是支、拆模由于受到拉结钢筋的阻碍显得很不方便。因此这种方法在过去采用得较多，目前只在一些简单的或特殊的情况下才使用。

（2）预埋件法

预埋件法就是在现浇钢筋混凝土柱身上预留钢板埋件，拆模后按块材砌体的模数位置把拉结筋焊上去，砌筑块材砌体时埋入砌体内。这种方法最大的问题是钢材的消耗量较大，同时需要焊工的大量作业。该法最大的优点在于不破坏模板并能保证拉结钢筋与块材砌体的灰缝相对准。

（3）固定法

当采用木模时，可以预先按照设计关于拉结筋伸入砌体长度和伸入混凝土中锚固长度的要求，制作成丁字形的拉结筋，伸入柱子混凝土中的一端应弯制180°的弯钩，伸入砌体的一端可以不设弯钩。在已配好的柱身模板上弹出砌体的位置，并标出拉结筋的具体位置，用小钉把拉结筋不带弯钩的一端固定在柱子木模的里侧，使其紧贴模板便于拆模后拉出来，弯制弯钩的一端成90°伸入到柱子内锚固，待混凝土浇筑完毕后，拆除柱身模板时，由于拉结筋固定在柱身模板上，自然会把拉结筋拉出，用人工将其拉直，并在拉结筋的端部弯制180°的弯钩，以便砌体施工。固定法仅限于使用木模，如果使用钢模不容易固定。

固定法的优点是不破坏模板，费用低廉；缺点是钢筋弯折后再拉直会影响拉结筋的强度。

（4）植筋法

总结以上三种方法，我们发现共同的特点是都需要在混凝土或模板中预埋埋件或埋筋。但这样会给浇筑混凝土带来干扰，容易阻碍振捣，造成振捣不实的质量问题，同时施工很麻烦，不利于加快施工进度。因此，植筋法应运而生。

植筋法就是在钢筋混凝土结构上钻出孔洞，注入填胶黏剂，植入钢筋，待其固化后即完成植筋施工。用此法植筋犹如原有结构中的预埋筋，能使所植钢筋的技术性能得以充分利用。

植筋法具有工艺简单、工期短、造价省、操作方便、劳动强度低、质量易保证等优点，为工程结构加固及解决新旧混凝土连接提出了一个全新的处理技术。

植筋法的施工过程是：钻孔→清孔→填胶粘剂→植筋→凝胶。

① 钻孔使用配套冲击电钻。钻孔时，孔洞间距与孔洞深度应满足设计要求。常用φ12拉结筋钻孔直径16mm，钢筋埋深120～140mm。

② 清孔时，先用吹气泵清除孔洞内粉尘等，再用清孔刷清孔，要经多次吹刷完成。同时，不能用水冲洗，以免残留在孔中的水分削弱胶黏剂的作用。

③ 使用植筋注射器从孔底向外均匀地把适量胶黏剂填注孔内，注意勿将空气封入孔内。

④ 按顺时针方向把钢筋平行于孔洞走向轻轻植入孔中，直至插入孔底，胶黏剂溢出。

⑤ 将钢筋外露端固定在模架上，使其不受外力作用，直至凝结，并派专人现场保护。

⑥ 凝胶的化学反应时间一般为15min，固化时间一般为1h。

3.4.3 钢筋网与钢筋骨架安装

（1）钢筋焊接网

钢筋焊接网是由纵向钢筋和横向钢筋分别以一定间距排列且互成直角，全部交叉点均用电阻电焊焊在一起的钢筋网件。

钢筋焊接网采取现代化工厂生产，其优点是节省材料、保证质量、提高工效、缩短工期、综合经济效益好。近年来，已开始在现浇楼板、墙、路面桥面、护坡网、船坞工程上推广应用。钢筋焊接网已列入我国建筑业重点推广项目，同时由于人工费用近年大幅上升，钢筋焊接网具有较大的发展前景。

钢筋焊接网品种与规格如下。

① 钢筋焊接网宜采用 CBD550 级冷轧带肋钢筋制作，也可采用 LG510 级冷拔光面钢筋制作。一片焊接网宜采用同一类型的钢筋焊成。

② 钢筋焊接网可分为定型焊接网和定制焊接网两种。

a. 定型焊接网在两个方向上的钢筋间距和直径可以不同，但在同一个方向上的钢筋应具有相同的直径、间距和长度。

b. 定制焊接网的形状、尺寸应根据设计和施工要求，由供需双方协商确定。

③.钢筋焊接网的规格，应符合下列规定。

a. 钢筋直径宜为 4～12mm。

b. 焊接网长度不宜超过 12m，宽度不宜超过 3.4m。

c. 焊接网制作方向的钢筋间距宜为 100mm、150mm、200mm，与制作方向垂直的钢筋间距宜为 100～400mm，且应为 10mm 的整倍数。

d. 焊接网钢筋强度设计值：对冷轧带肋钢筋 $f_y = 360N/mm^2$，对冷拔光圆钢筋 $f_y = 320N/mm^2$。

（2）绑扎钢筋网与钢筋骨架安装

① 钢筋网与钢筋骨架的分段（块），应根据结构配筋特点及起重运输能力而定。一般钢筋网的分块面积以 6～20m² 为宜，钢筋骨架的分段长度宜为 6～12m。

② 钢筋网与钢筋骨架，为防止在运输和安装过程中发生歪斜变形，应采取临时加固措施，图 3-59 是绑扎钢筋网的临时加固情况。

③ 钢筋骨架的吊点，应根据其尺寸、质量及刚度而定。宽度大于 1m 的水平钢筋网宜采用四点起吊；跨度小于 6m 的钢筋骨架宜采用两点起吊 [图 3-60（a）]，跨度大、刚度差的钢筋骨架宜采用横吊梁（铁扁担）四点起吊 [图 3-60（b）]。为了防止吊点处钢筋受力变形，可采用兜底吊或加短钢筋。

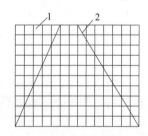

图 3-59　绑扎钢筋网的临时加固

1—钢筋网；2—加固筋

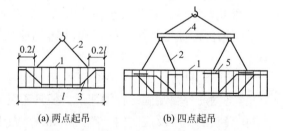

(a) 两点起吊　　(b) 四点起吊

图 3-60　两点起吊与横吊梁四点起吊

1—钢筋骨架；2—吊索；3—兜底索；4—铁扁担；5—短钢筋
l—钢筋网的长度

④ 绑扎钢筋网与钢筋骨架的交接处做法，与钢筋的现场绑扎相同。

（3）钢筋焊接网安装

① 钢筋焊接网运输时应捆扎整齐、牢固，每捆质量不应超过 2t，必要时应加刚性支撑或支架。

② 进场的钢筋焊接网宜按施工要求堆放，并应有明显的标志。

③ 对两端需插入梁内锚固的焊接网，当网片纵向钢筋较细时，可利用网片的弯曲变形性能，先将焊接网中部向上弯曲，使两端能先后插入梁内，然后铺平网片；当钢筋较粗，

焊接网不能弯曲时，可将焊接网的一端少焊1～2根横向钢筋，先插入该端，然后退插另一端，必要时可采用绑扎方法补回所减少的横向钢筋。

④ 钢筋焊接网的搭接、构造应符合相关的规定。两张网片搭接时，在搭接区中心及两端应采用铁丝绑扎牢固。在附加钢筋与焊接网连接的每个节点处均应采用铁丝绑扎。

⑤ 钢筋焊接网安装时，下部网片应设置与保护层厚度相等的水泥砂浆垫块或塑料卡；板的上部网片应在短向钢筋两端，沿长向钢筋方向每隔600～900mm设一钢筋支墩（图3-61）。

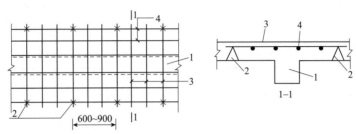

(a) 钢筋焊接网支墩平面图　　　　(b) 钢筋焊接网支墩断面图

图3-61　上部钢筋焊接网的支墩（单位：mm）

1—梁；2—支墩；3—短向钢筋；4—长向钢筋

3.5　钢筋检查与验收

（1）主控项目

钢筋安装时，受力钢筋的品种、级别、规格和数量必须符合设计要求。

检查数量：全数检查。

检查方法：观察，钢尺检查。

（2）一般项目

钢筋安装位置的偏差，应符合表3-18的规定。

检查数量：在同一检验批内，对梁、柱和独立基础，应抽查构件数量的10%，且不少于3件；对墙和板，应按有代表性的自然间抽查10%，且不少于3间；对大空间结构，墙可按相邻轴线间高度5m左右划分检查面，板可按纵、横轴线划分检查面，抽查10%，且均不少于3面。

表3-18　钢筋安装位置的允许偏差和检验方法

项目		允许偏差/mm	检验方法
绑扎钢筋网	长、宽	±10	钢尺检查
	网眼尺寸	±20	钢尺量连续三档，取最大值
绑扎钢筋骨架	长	±10	钢尺检查
	宽、高	±5	钢尺检查
受力钢筋	间距	±10	钢尺量两端、中间各一点，取最大值
	排距	±5	

项目			允许偏差 /mm		检验方法
受力钢筋	保护层厚度	基础	±10		钢尺检查
		柱、梁	±5		钢尺检查
		板、墙、壳	±3		钢尺检查
绑扎箍筋、横向钢筋间距			±20		钢尺量连续三档，取最大值
钢筋弯起点位置			20		钢尺检查
预埋件	中心线位置		5	5	钢尺检查
	水平高差		+3，0	+3，0	钢尺和塞尺检查

注：1. 检查预埋件中心线位置时，应沿纵、横两个方向量测，并取其中的较大值。

2. 表中梁类、板类构件上部纵向受力钢筋保护层厚度的合格点率应达到 90% 及以上，且不得有超过表中数值 1.5 倍的尺寸偏差。

第**4**章

钢筋工技能实训

教学目标

知识目标	掌握梁板柱结构规定与要求，掌梁板柱结构各构件钢筋安装要求、方法与步骤，掌握梁板柱结构各构件成果检查标准与验收方法。
技能目标	能掌握识图技能，能进行施工准备、施工作业、施工检查技能要求，进行规范操作，提升安全意识和规范意识。
思政目标	专心致志、苦练本领；匠心筑梦，精诚合作。 专心致志、苦练本领是工匠精神的特质。工匠对自己选择的事业有着专心致志的投入，将铸就精品的执念付诸千锤百炼的行动之中，反复改进、不断完善，不惜"十年磨一剑"，不受世俗干扰，不为名利所惑，耐得住"孤独"和"寂寞"。 匠心筑梦、精诚合作是工匠精神的实现。一个工匠只有将国家之梦、社会之梦作为自己的梦想，才能够将工匠精神内化为自己的梦想。随着社会的发展，社会分工也日趋精细化，以往那种"单打独斗"的模式已经无法适应发展需求，良好的分工协作关系才是工匠团队成功的关键，也是工匠个人事业成功的保障。

4.1 板钢筋绑扎技能实训

4.1.1 实训目的

本实训项目是掌握钢筋工工种施工中钢筋工绑扎技能基本功的重要训练。通过本实训，提高学生的实际动手能力，积累施工经验，能够将所学的钢筋混凝土结构、施工技术等有关课程的理论转化为实际操作能力，使学生掌握绑扎基本方法。

4.1.2 实训任务

人员分组参加实训，完成板钢筋的选料、绑扎基本功的实训。

4.1.3　实训地点与基本要求

实训地点：钢筋工种实训场地。

实习任务：按顺序号 6 人为一工区组，1、2 号两人为一工组，3、4 号两人为一工组，以此类推，每一工区组确定一位组长，组长牵头本区组根据实训任务图纸进行配料绑扎钢筋等事项管理。

4.1.4　实训考核达标标准

规范绑扎技能，绑扎牢固，达标要求为 6min 内完成 48 个点绑扎。

4.1.5　实训方案

板钢筋绑扎技能实训图见图 4-1。

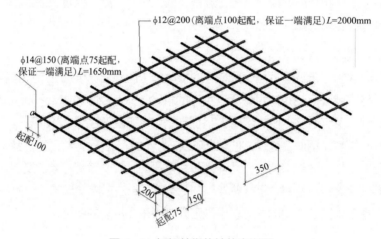

图 4-1　板钢筋绑扎技能实训图

4.1.6　材料清单

表 4-1 为材料清单。

表 4-1　材料清单

序号	杆件名称	规格	单位	数量	备注
1	Φ14	1650	mm	12	
2	Φ12	2000	mm	8	

4.1.7　实训过程

（1）钢筋选料

根据图 4-1 进行选料，实训室已按施工图纸配好钢筋下料，学生按自行进行配料并进行复核。

（2）钢筋绑扎

① 材料准备：成型钢筋、20～22号镀锌铁丝。

② 机具准备：安全帽、手套、钢筋钩子、石笔、钢卷尺等。

③ 绑扎流程如图4-2所示。

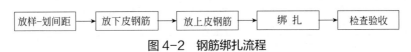

图4-2　钢筋绑扎流程

④ 绑扎要点

a. 在板的所有交叉点应全部绑扎。

b. 交叉点宜用套扣法绑扎（一面顺扣法如图4-3所示），成八字形扎法，绑扎牢固不松动。

(a) 第一步　　　　　　(b) 第二步　　　　　　(c) 第三步

图4-3　一面顺扣法

c. 间距均要符合设计要求。

d. 各交叉点要满扎，各钢筋牌号、规格、间距、数量、位置、尺寸、钢筋起配点必须符合要求。

e. 钢筋绑扎质量自检。

f. 板钢筋绑扎质量按《钢筋绑扎安装操作技能评分表》的要求进行自检，并符合钢筋工程质量验收规范。

g. 拆除钢筋、按要求分类归位、打扫场地，做到工完场清。

4.1.8　实训操作评分标准

表4-2为板钢筋绑扎基本功操作技能评分表。

表4-2　板钢筋绑扎基本功操作技能评分表

组别＿＿＿＿＿＿＿　姓名＿＿＿＿＿＿＿　班级＿＿＿＿＿＿＿　座位号＿＿＿＿＿＿＿

项目名称		板钢筋绑扎评分标准	分值	扣分	得分
绑扎质量	钢筋位置	钢筋上下位置错误扣10分	10		
	钢筋八字形扎法	钢筋的交叉点必须全部扎牢，相邻绑扎点的绑扎方向应八字交错（错一点扣1分）	10		
	工效	6min内完成48个点绑扎（6min完成钢筋绑扎并落手清，每提前1min加5分，最多10分；每延迟1min扣1分，最多10分）	44		
	钢筋起配点	起配点一端满足要求，控制端尺寸允许偏差值0～20mm，超出扣5分	10		

项目名称		板钢筋绑扎评分标准	分值	扣分	得分
绑扎质量	钢筋间距	间距均匀，超出 ±20mm 扣 5 分	10		
	观感质量	绑扎牢固，出现晃动一个点扣 2 分，全数检查	16		
文明施工	安全帽和穿着	安全帽未带或下颚带未系紧，扣 10 分 / 人；衣服穿着松散、鞋带未系牢，扣 5 分 / 人；穿拖鞋扣 5 分 / 人	20		
	未抛扔材料	抛掷任何材料、工具、物品，每次扣 5 分	20		
	操作安全无事故	发生物坠落，一次扣 5 分；造成损害的，一次扣 10 分	20		
	落手清	未做到工完场清的，扣 20 分；未做到材料分类整齐堆放的，扣 10 分	20		
	纪律	在实训室嬉笑打闹的，扣 10 分 / 次；打架斗殴的，一票否决	20		
总得分		＝搭设质量得分 ×0.60+ 文明施工得分 ×0.35+ 实训成果报告 ×0.05	100		

4.1.9　注意事项

① 服从实训指导教师的领导，实训期间注意安全，严禁打闹、嬉戏，杜绝一切事故。
② 实训时要遵守纪律，不迟到，不早退。
③ 尊重专业技术人员及指导教师，虚心求教。
④ 实训结束后拆除钢筋骨架、按要求分类归位、打扫场地，经指导教师同意方可离场。
⑤ 未尽事宜详见具体建筑结构实训室管理制度。

4.1.10　预习准备

在实训前进行相关内容预习，完成以下 3 个问题。
① 钢筋绑扎流程是怎样的?
② 思考本次钢筋绑扎的难点是什么?
③ 思考在本次实训中希望收获是什么?

4.1.11　实训提交成果（实训结束后第二天提交）

① 实训后，对绑扎注意事项及要点进行整理，并填写到详训成果报告（表 4-3）内。
② 考核后，对整个实训进行实训总结，提供总结报告成果。
③ 实训报告书写勿记流水账，多从技术要点、自己的成长收获体验、团队协作、工匠精神等方面思考，找寻实训的意义，发现自己经过实训后身上展现的闪光点。

表 4-3　板钢筋绑扎基本功实训成果报告

班级 ＿＿＿＿＿＿＿ 姓名 ＿＿＿＿＿＿＿ 座位号 ＿＿＿＿＿＿＿ 成绩 ＿＿＿＿＿＿＿

注意事项及要点 （实训后完成）	

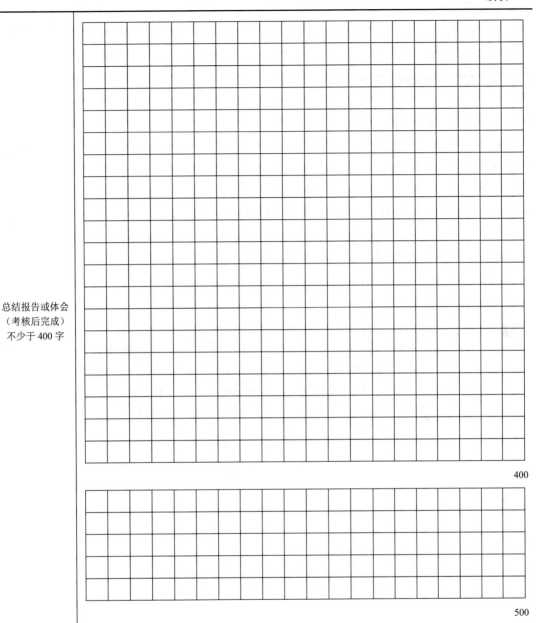

总结报告或体会
（考核后完成）
不少于 400 字

400

500

4.2 梁钢筋技能实训

4.2.1 实训目的

本实训项目是掌握钢筋工工种施工中钢筋工技能的重要训练。通过本实训，提高学生的实际动手能力，积累施工经验，将所学的钢筋混凝土结构、施工技术等有关课程的理论转化为能力；学会看懂图、能配料、会绑扎及钢筋验收方法。

4.2.2 实训任务

参加实训的人员分组集体完成梁钢筋的配料、绑扎的全过程。

4.2.3 实训地点与基本要求

实训地点：钢筋工种实训场地。

实习任务：4～5人一组，组长牵头，根据结构图，按配料表进行配料，按图4-4和图4-5绑扎钢筋、检查验收。

4.2.4 实训方案［梁（250×550）钢筋实训］

图4-4、图4-5分别为梁平法图和梁纵剖面图。

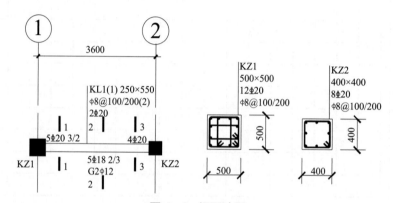

图4-4 梁平法图

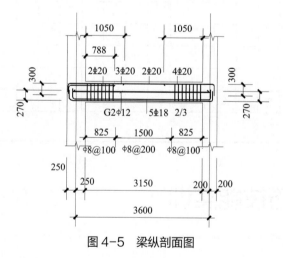

图4-5 梁纵剖面图

4.2.5 材料配料表

表4-4为材料配料表。

表 4-4　材料配料表

钢筋名称	简图说明
上部通长筋 2 Φ 20	300　 3904　 300
支座 1 第一排负筋 1 Φ 20	1477　 300
支座 1 第二排负筋 2 Φ 20	1152　 300
支座 2 第一排负筋 2 Φ 20	1377　 300
下部下排通长钢筋 3 Φ 18	270　 270　 3864
下部上排通长钢筋 2 Φ 18	270　 270　 3758
侧面纵向构造钢筋 G2 Φ 12	3510
箍筋 Φ 8@100/200 （25 个）	210　 510　 510　 210
拉结筋 Φ 6@400 （8 根）	210
Φ 25 短垫筋 （3 根）	200

4.2.6　实训过程

（1）钢筋选料

根据结构图进行选料，实训室已按施工图纸配好钢筋下料，并按图 4-4 和图 4-5 制作完成，学生按自行计算的配料单进行复核。

（2）钢筋绑扎

① 材料准备：成型钢筋、20 ～ 22 号镀锌铁丝。

② 机具准备：安全帽、手套、钢筋钩子、绑扎架、石笔、钢卷尺等。

③ 绑扎流程和步骤分别见图 4-6 和图 4-7。

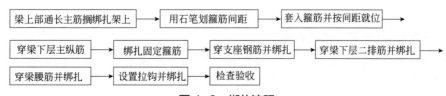

图 4-6　绑扎流程

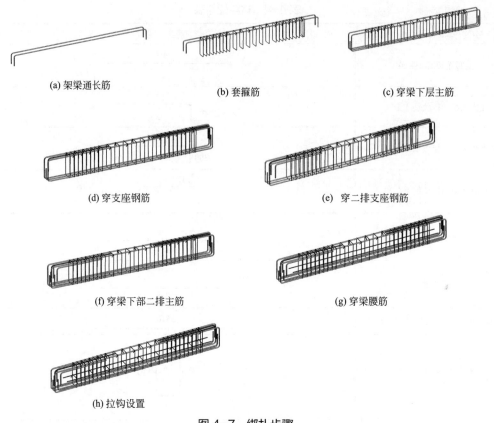

(a) 架梁通长筋   (b) 套箍筋   (c) 穿梁下层主筋

(d) 穿支座钢筋   (e) 穿二排支座钢筋

(f) 穿梁下部二排主筋   (g) 穿梁腰筋

(h) 拉钩设置

图 4-7　绑扎步骤

④ 绑扎要点

a. 箍筋在叠合处的弯钩，在梁中应交错绑扎。

b. 绑梁纵筋与箍筋宜用套扣法绑扎（如图 4-8 所示），成八字形扎法，绑扎牢固不松动。

(a) 第一步   (b) 第二步   (c) 第三步

图 4-8　套扣法

c. 梁端第一个箍筋应设置在距离柱节点边缘 50mm 处。梁端与柱交接处箍筋应加密，其间距与加密区长度均要符合设计要求。

d. 各交叉点要满扎，各钢筋牌号、规格、间距、数量、位置、尺寸、锚固长度必须符合要求。

（3）梁钢筋绑扎质量自检和拆除

梁钢筋绑扎质量按《钢筋绑扎安装操作技能评分表》的要求进行自检，并符合钢筋工程质量验收规范。

拆除钢筋骨架、按要求分类归位、打扫场地，做到工完场清。

（4）实训操作评分标准

表 4-5 为梁（250×550）钢筋实训考核内容及评分标准表。

表 4-5　梁（250×550）钢筋实训考核内容及评分标准表

组别＿＿＿＿＿＿＿　　姓名＿＿＿＿＿＿＿　　班级＿＿＿＿＿＿＿　　座位号＿＿＿＿＿＿＿

项目名称		梁钢筋实训考核评分标准	分值	平时	考核扣分	得分
操作时间		150min 内完成钢筋绑扎并落手清，每提前 2min 加 1 分，最多 20 分；每延迟 1min 扣 1 分，最多 20 分	100			
搭设质量	搭设顺序	绑扎工序：检查材料及工器具→梁上部通长主筋搁绑扎架上→用石笔划箍筋间距→套入箍筋并按间距就位→穿梁下层主纵筋→绑扎固定箍筋→穿支座钢筋并绑扎→穿梁下层二排筋并绑扎→穿梁腰筋并绑扎→设置拉钩并绑扎→检查验收 拆除工序：拉钩→腰筋→梁下层二排钢筋→支座负筋→梁底部钢筋→取出梁箍筋→梁上部主筋。每错一次扣 2 分	10			
	钢筋数量、直径	数量、直径每错一处扣 5 分	15			
	绑扎骨架	宽度 ±5mm，测一点，超出扣 5 分	5			
		高度 ±5mm，测一点，超出扣 5 分	5			
	纵向受力钢筋	间距 ±5mm，测三点，最大值偏差值超出扣 5 分	5			
		排距 ±5mm，测三点，最大值偏差值超出扣 5 分	5			
		支座负筋长度 −20mm，测二点，超出扣 5 分	10			
		锚固长度 −20mm，测二点，超出扣 5 分	5			
	绑扎箍筋	间距 ±20mm，测二点，最大值偏差超出扣 5 分	5			
		起配点 ±20mm，测二点，最大值偏差超出扣 5 分	5			
		箍筋个数错误，扣 5 分	5			
	横向钢筋间距	间距 ±20mm，测二点，最大值偏差超出扣 5 分	5			
	腰筋	保护层厚度按 20mm 考虑，腰筋位置偏差超过 ±20mm 扣 5 分	5			
		锚固长度 −20mm 时，扣 5 分	5			
	扎丝位置、质量	钢筋的交叉点必须全部扎牢，相邻绑扎点的绑扎方向应八字交错，未呈八字形，扣 5 分	5			
	整体绑扎质量	绑扎牢固	5			
文明施工	安全帽和穿着	安全帽未带或下颚带未系紧，扣 10 分 / 人；衣服穿着松散、鞋带未系牢，扣 5 分 / 人；穿拖鞋扣 5 分 / 人	20			
	未抛扔材料	抛掷任何材料、工具、物品，扣 5 分	20			
	操作安全无事故	发生物坠落，一次扣 5 分；造成损害的，一次扣 10 分	20			
	落手清	抛掷任何材料、工具、物品，扣 5 分	20			
	纪律	在实训室嬉笑打闹的，扣 10 分 / 次；打架斗殴的，一票否决	20			
总得分		＝操作时间得分 ×0.2+ 搭设质量得分 ×0.55（有操作点评得分时按 0.45）+ 文明施工得分 ×0.2+ 实训成果报告 ×0.05+ 操作点评得分 ×0.1	100			

4.2.7　注意事项

① 服从实训指导教师的领导，实训期间，注意安全，严禁打闹、嬉戏，杜绝一切事故。

② 实训时遵守纪律，不迟到，不早退。

③ 尊重专业技术人员及指导教师，虚心求教。

④ 实训结束后拆除钢筋骨架、按要求分类归位、打扫场地，经指导教师同意后方可离场。

4.2.8　实训提交成果（实训结束后第二天提交）

① 实训后，对绑扎注意事项及要点进行整理，并填写到实训成果报告（表4-6）内。

② 考核后，对整个实训进行实训总结，提供总结报告成果。

③ 实训报告书写勿记流水账，多从技术要点、自己的成长收获体验、团队协作、工匠精神等方面思考，找寻实训的意义，发现自己经过实训后身上展现的闪光点。

表4-6　梁（250×550）钢筋实训成果报告

班级 _____　姓名 _____　座位号 _____

注意事项及要点 （实训后完成）	
总结报告或体会 （考核后完成） 不少于400字	

400

总结报告或体会 （考核后完成） 不少于 400 字										
										500

4.3 梁柱钢筋技能实训

4.3.1 实训目的

本实训项目是掌握钢筋工工种施工中钢筋工技能的重要训练。通过本实训，提高学生的实际动手能力，积累施工经验，将所学的钢筋混凝土结构、施工技术等有关课程的理论转化为能力；学会看懂图、能配料、会绑扎及掌握钢筋验收方法。

4.3.2 实训任务

参加实训的人员分组集体完成梁柱钢筋的配料计算、配料、绑扎、检查验收的全过程。

4.3.3 实训地点与基本要求

实训地点：钢筋工种实训场地。
实习任务：4～5 人一组，组长牵头，根据结构图，计算配料单，配筋并绑扎钢筋。

4.3.4 实训方案[梁（350×550）柱钢筋实训]

图 4-9、图 4-10 分别为梁柱平法图和梁纵剖面图。

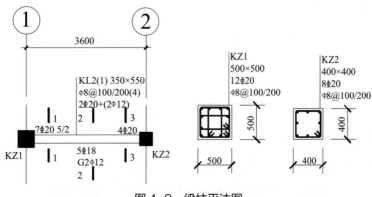

图 4-9 梁柱平法图

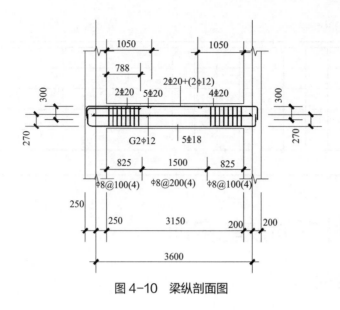

图 4-10 梁纵剖面图

4.3.5 完成成果

图 4-11 为实训成果图。

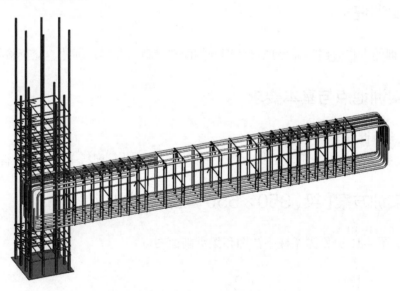

图 4-11 实训成果图（梁柱节点箍筋未展示）

4.3.6 材料配料表

（1）梁钢筋下料计算说明

钢筋下料长度的计算统一公式为

下料长度＝钢筋外包尺寸之和＋弯钩增加值－量度差值

受拉的 HPB300 级钢筋末端一般设 180°弯勾，180°弯勾增加值为 6.25d（d 为钢筋的直径）。HRB335 级钢筋不需要设弯勾，所以当主筋为 HRB335 时，下料长度的计算公式为

梁主筋直钢筋下料长度＝钢筋外包尺寸之和

有弯折主筋的下料长度＝钢筋外包尺寸之和－量度差值

说明：量度差值为在钢筋段中段弯折一定角度时，弯折段的外包尺寸与轴线长度之间的差值。

（2）箍筋数量和下料长度的确定

① 箍筋数量的确定。框架梁的箍筋数量 n_1 为

$$n_1 = (\frac{l-50}{d_1}+1) \times 2 + (\frac{l_n-2l}{d_2}-1)$$

式中　l——取 1.5h_b 和 500 的大者，其中 h_b 为梁的截面高度，mm；

　　　d_1——加密区梁箍筋的间距，mm；

　　　l_n——梁的净跨，mm；

　　　d_2——非加密区梁箍筋的间距，mm。

② 箍筋简易下料的长度确定。

抗震箍筋的简易下料长度＝箍筋外包尺寸之和 + 18d

即　　　　　　　　　　　　　　$L = 2a + 2b + 18d$（非抗震按 9d）

其中外包 a、外包 b 只要在构件断面尺寸上直接减去混凝土保护层厚度即可。

4.3.7　实训过程

（1）钢筋选料

根据结构图进行选料，实训室已按施工图纸配好钢筋下料，并按图 4-9、图 4-10 制作完成，学生按自行计算的配料单进行复核。

（2）钢筋绑扎

① 材料准备：成型钢筋、20 ～ 22 号镀锌铁丝。

② 机具准备：安全帽、手套、钢筋钩子、绑扎架、石笔、钢卷尺等。

③ 绑扎流程和步骤分别见图 4-12 和图 4-13。

④ 绑扎要点

a. 箍筋在叠合处的弯钩，在梁中应交错绑扎。

b. 绑梁纵筋与箍筋宜用套扣法绑扎（如图 4-14 所示），成八字型扎法，绑扎牢固不松动。

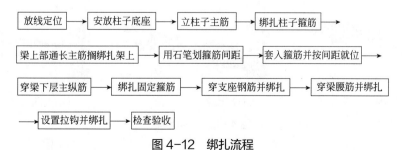

图 4-12　绑扎流程

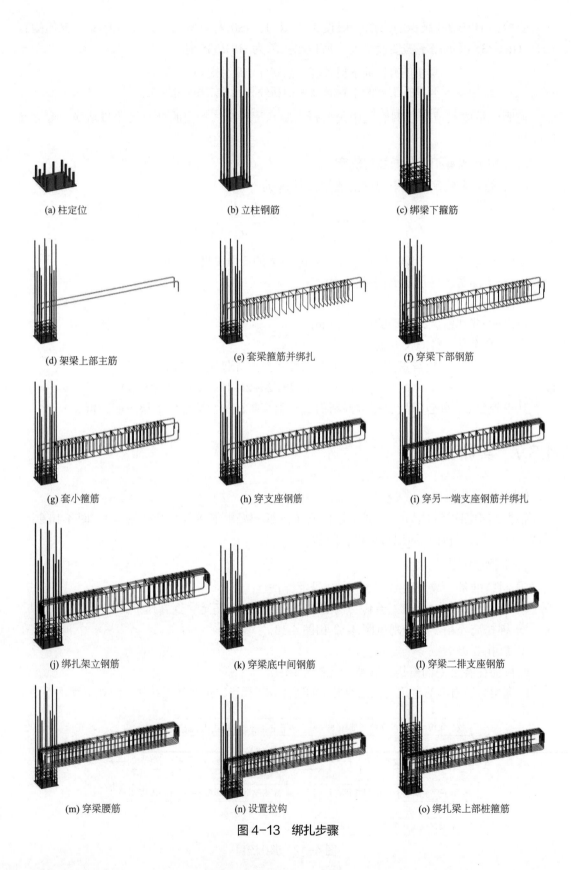

(a) 柱定位   (b) 立柱钢筋   (c) 绑梁下箍筋

(d) 架梁上部主筋   (e) 套梁箍筋并绑扎   (f) 穿梁下部钢筋

(g) 套小箍筋   (h) 穿支座钢筋   (i) 穿另一端支座钢筋并绑扎

(j) 绑扎架立钢筋   (k) 穿梁底中间钢筋   (l) 穿梁二排支座钢筋

(m) 穿梁腰筋   (n) 设置拉钩   (o) 绑扎梁上部桩箍筋

图 4-13　绑扎步骤

| (a) 第一步 | (b) 第二步 | (c) 第三步 |

图 4-14　套扣法

c. 梁端第一个箍筋应设置在距离柱节点边缘 50mm 处。梁端与柱交接处箍筋应加密，其间距与加密区长度均要符合设计要求。

d. 各交叉点要满扎，各钢筋牌号、规格、间距、数量、位置、尺寸、锚固长度必须符合要求。

（3）梁钢筋绑扎质量自检与拆除

梁钢筋绑扎质量按《钢筋绑扎安装操作技能评分表》的要求进行自检，并符合钢筋工程质量验收规范。拆除钢筋骨架、按要求分类归位、打扫场地，做到工完场清。

（4）实训资料

图 4-15 为实训资料图。

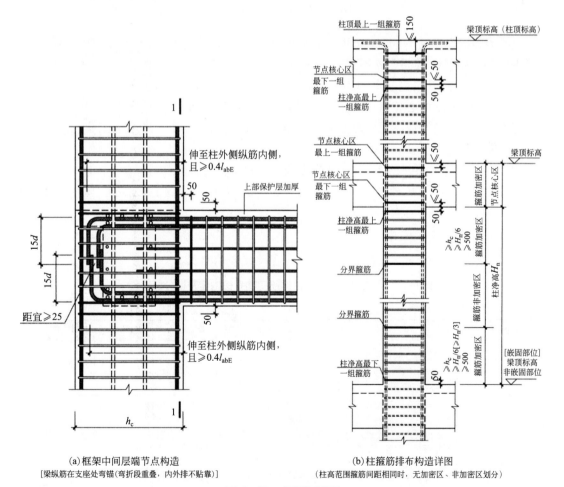

(a) 框架中间层端节点构造
[梁纵筋在支座处弯锚（弯折段重叠，内外排不贴靠）]

(b) 柱箍筋排布构造详图
（柱高范围箍筋间距相同时，无加密区、非加密区划分）

图 4-15　实训资料图

① 梁纵向钢筋间距（图4-16）。梁上部纵向钢筋水平方向的净间距（钢筋外边缘之间的最小距离）不应小于30mm和1.5d；下部纵向钢筋水平方向的净间距不应小于25mm和d。梁的下部纵向钢筋配置多于2层时，2层以上钢筋水平方向的中距应比下面两层的中距增大1倍；各层钢筋之间的净间距不应小于25mm和d（d为钢筋的最大直径）。

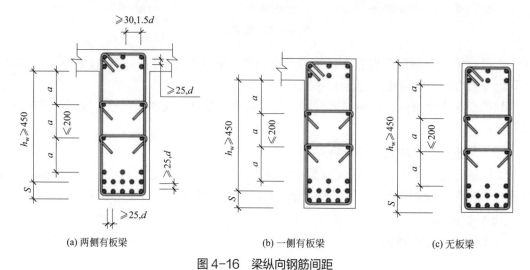

(a) 两侧有板梁　　　　　　　　(b) 一侧有板梁　　　　　　　　(c) 无板梁

图4-16　梁纵向钢筋间距

当梁的腹板高度$h_w \geqslant$ 450mm时，在梁的两个侧面应沿高度配置纵向构造钢筋，其间距a不宜大于200mm。图4-16中s为梁底至梁下部纵向受拉钢筋合力点距离。当梁下部纵向钢筋为一层时，s取至钢筋中心位置；当梁下部纵筋为两层时，s可近似取值为60mm。当设计注明梁侧面纵向钢筋为抗扭钢筋时，侧面纵向钢筋应均匀布置。

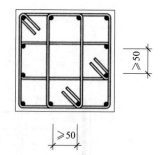

图4-17　柱纵向钢筋间距

② 柱纵向钢筋间距（图4-17）。柱中纵向受力钢筋的净间距不应小于50mm，且不宜大于300mm；截面尺寸大于400mm的柱，纵向钢筋的间距不宜大于200mm。

（5）实训操作评分标准

表4-7为梁（350×550）柱钢筋实训考核内容及评分标准表。

表4-7　梁（350×550）柱钢筋实训考核内容及评分标准表

组别＿＿＿＿＿＿＿＿　　姓名＿＿＿＿＿＿＿＿　　班级＿＿＿＿＿＿＿＿　　座位号＿＿＿＿＿＿＿＿

项目名称		梁柱钢筋实训评分标准	分值	平时	考核扣分	得分
配料表计算		40min内完成	100			
操作时间		150min内完成钢筋绑扎并落手清，每提前2min加1分，最多20分；每延迟1min扣1分，最多20分	100			
搭设质量	搭设顺序	绑扎工序：检查材料及工器具→定位放柱子底座→立柱子主筋→绑扎梁下柱子箍筋→梁上部通长主筋搁绑扎架上→用石笔划箍筋间距→套入箍筋并按间距就位→穿梁下层主纵筋→绑扎固定箍筋→穿支座钢筋并绑扎→穿架立筋并绑扎箍筋→穿梁腰筋并绑扎→设置拉钩并绑扎→检查验收 拆除工序：拉钩→腰筋→支座负筋→梁底部钢筋→取出梁箍筋→梁上部主筋。每错一次扣2分	10			

项目名称		梁柱钢筋实训评分标准	分值	平时	考核扣分	得分
搭设质量	钢筋数量、直径	数量、直径每错一处扣 2 分	14			
	绑扎骨架	宽度 ±5mm，测一点，超出扣 4 分	4			
		高度 ±5mm，测一点，超出扣 4 分	4			
	纵向受力钢筋	间距 ±10mm，测二点，最大值偏差值超出扣 2 分	4			
		排距 ±5mm，测二点，最大值偏差值超出扣 2 分	4			
		支座负筋长度 −20mm，测二点，超出扣 2 分	4			
		锚固长度 −20mm，测二点，超出扣 2 分	4			
	梁架立筋	搭接长度，测四点，每超出扣 2 分	4			
	梁箍筋	间距 ±20mm，测二点，最大值偏差超出扣 2 分	4			
		起配点 ±20mm，测二点，最大值偏差超出扣 2 分	4			
		箍筋个数错误，扣 4 分	4			
	柱箍筋	间距 ±20mm，测二点，最大值偏差超出扣 2 分	4			
		起配点 ±20mm，测二点，最大值偏差超出扣 2 分	4			
		箍筋个数错误，扣 4 分	4			
	横向钢筋间距	间距 ±20mm，测二点，最大值偏差超出扣 2 分	4			
	腰筋	保护层厚度按 20mm 考虑，腰筋位置偏差超过 ±20mm 扣 4 分	4			
		锚固长度 −20mm 时，扣 4 分	4			
	扎丝位置、质量	钢筋的交叉点必须全部扎牢，相邻绑扎点的绑扎方向应八字交错，未呈八字形，扣 4 分	4			
	整体绑扎质量	绑扎牢固	4			
	梁柱轴线偏位	轴线 ±10mm，超出扣 2 分	4			
文明施工	安全帽和穿着	安全帽未带或下颚带未系紧，扣 10 分 / 人；衣服穿着松散、鞋带未系牢，扣 5 分 / 人；穿拖鞋扣 5 分 / 人	20			
	未抛扔材料	抛掷任何材料、工具、物品，扣 5 分	20			
	操作安全无事故	发生物坠落，一次扣 5 分；造成损害的，一次扣 10 分	20			
	落手清	工完场清，未整理清扫扣 5 ～ 20 分	20			
	纪律	迟到早退扣 5 分，旷工 1 节扣 10 分，在实训室嬉笑打闹的，扣 10 分 / 次；打架斗殴的，一票否决	20			
总得分		＝配料表计算 ×0.2+ 操作时间得分 ×0.1+ 搭设质量得分 ×0.4+ 文明施工得分 ×0.2+ 实训成果报告 ×0.1	100			

4.3.8　注意事项

① 服从实训指导教师的领导，实训期间注意安全，严禁打闹、嬉戏，杜绝一切事故。
② 实训时遵守纪律，不迟到，不早退。
③ 尊重专业技术人员及指导教师，虚心求教。
④ 实训结束后拆除钢筋骨架、按要求分类归位、打扫场地，经指导教师同意后方可离场。

4.3.9 实训提交成果（实训结束后第二天提交）

① 实训后，对绑扎注意事项及要点进行整理，并填写到实训成果报告（表4-8）内，完成梁配料计算（表4-9）。

② 考核后，对整个实训进行实训总结，提供总结报告成果。

③ 实训报告书写勿记流水账，多从技术要点、自己的成长收获体验、团队协作、工匠精神等方面思考，找寻实训的意义，发现自己经过实训后身上展现的闪光点。

表4-8 梁（350×550）柱钢筋实训成果报告

班级＿＿＿＿＿＿＿ 姓名＿＿＿＿＿＿＿ 座位号＿＿＿＿＿＿＿

注意事项及要点（实训后完成）	
总结报告或体会（考核后完成）不少于400字	

400

500

表 4-9　350mm 梁配料计算

班级＿＿＿＿＿＿　姓名＿＿＿＿＿＿　座位号＿＿＿＿＿＿

编号	简图(钢筋1分,外包尺寸2分) 注: 外包尺寸在( )内填写	下料长度 计算过程(3分)	根数 (个数) 1分	规格直径 /mm 1分	下料长度 /mm 2分
1	上部通长 ⬚ ( )　( )　( )				
2	支座1负筋 ⬚ ( )　( )				
3	支座1负筋 ⬚ ( )　( )				
4	支座2负筋 ⬚ ( )　( )				
5	( )　( ) 下部上排 ⬚				
6	( ) 下部下排 ⬚				
7	腰筋 ( )				
8	( ) ( )				

4.4　钢筋综合技能实训

4.4.1　实训目的

　　本实训项目是掌握混凝土结构施工技能的重要训练。通过本实训,提高学生的实际动手能力,积累施工经验,将所学的钢筋混凝土结构、施工技术等有关课程的理论转化为能力;学会看懂图、会测量放线、能配料、会施工及验收方法;对两年的专业学习进行综合能力的检验。

4.4.2　实训任务

　　参加实训的人员分组集体完成楼层结构梁的施工全过程。按提供的图纸施工,包括测量放线、配料、支模架、绑钢筋、支模板。

4.4.3　实训地点与基本要求

　　实训地点:钢筋工种实训场地。

实习任务：5人一组，组长牵头，各组按图4-18所示对应梁并按结构图进行施工。

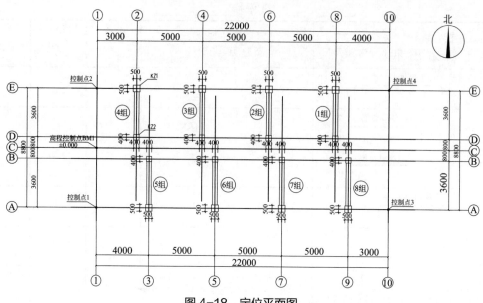

图 4-18 定位平面图

4.4.4 实训安排

表 4-10 为实训安排。

表 4-10 实训安排

序号	日期	时间	内容	备注
1	第 1 天	上午	实训交底、钢筋绑扎训练	
		下午	钢筋绑扎训练	
2	第 2 天	上午	测量放线	
		下午	搭设支模架	
3	第 3 天	上午	绑扎梁柱钢筋	
		下午	绑扎梁柱钢筋	
4	第 4 天	上午	支模板	
		下午	点评、拆除	
5	第 5 天	上午	考核	
		下午	考核	
6	第 6 天	上午	考核	
		下午	考核、评分	拆除

4.4.5　实训方案

（1）实训内容

实训完成配料计算、测量放线、支设支架、绑扎钢筋、支模板、验收等内容，具体成果如图 4-19 所示。

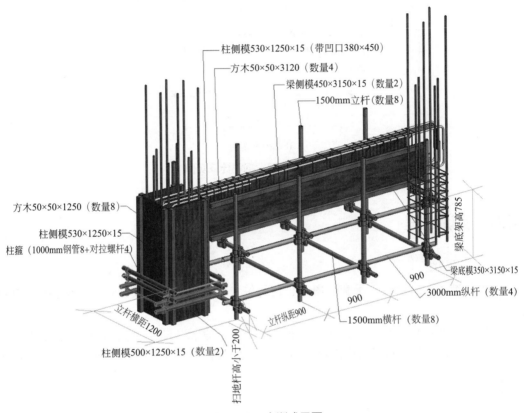

图 4-19　实训成果图

（2）梁柱钢筋图纸

本实训项目就钢筋构造情况结合工程实例进行钢筋计算，详见图 4-20。

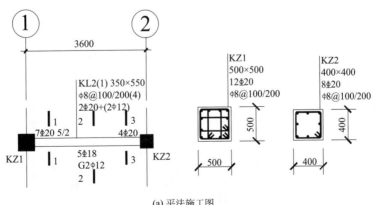

(a) 平法施工图

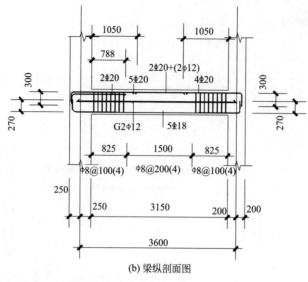

(b) 梁纵剖面图

图 4-20　框架梁钢筋计算实例

4.4.6　实训过程

（1）测量放线

① 机具准备：安全帽、手套、墨斗、记号笔、全站仪、水准仪、石笔、钢卷尺、50m皮尺等。

② 施工工艺流程。在房屋四个角点提供了四个控制点（图 4-21），每两个小组 1 台全站仪，每个小组按提供的控制点进行放线，确定各小组的每跨梁的轴线的位置。依据轴线放出柱子边框线和支架立杆位置。

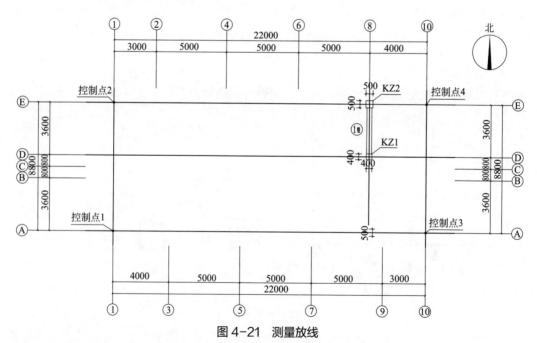

图 4-21　测量放线

（2）原材料选料

根据结构图进行选料，实训室已按施工图纸配好支架钢管、钢筋、模板等材料，并按图 4-19 制作完成，学生按自行完成的配料单进行选料，并进行复核，实训完成后提交配料单。

（3）支架搭设

① 准备工作。开始操作前按自行完成配料单检查需要用到的钢管和扣件的情况。

② 支架的定位放线。脚手架基础经验收合格后，应根据脚手架立柱的位置进行放线（图 4-22）。

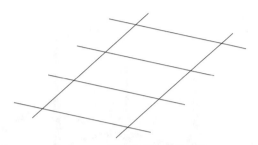

图 4-22　模板支撑架定位放线

立杆纵距为 0.9m，横向间距为 0.7m，梁底标高 0.785m，步距为 0.6m。脚手架的立柱下一般要加设底座或垫块，底座、垫块均应准确地放在定位线上。本实训项目因场地已做硬化处理，故不再加设。

③ 摆放扫地杆、竖立杆。定位完成后应摆放安装好扫地杆，然后就可以竖立杆，如图 4-23 所示。

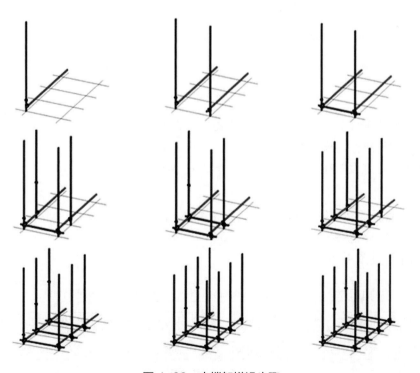

图 4-23　支撑架搭设步骤

竖立杆需要两人配合，一人拿起立杆，将一头顶在底座处，另一人用左脚将立杆底端踩住再用左手扶住立杆，右手帮助用力将立杆竖起，待立杆竖起后再插入底座内。一人不松手继续扶住立杆，另一人再拿起纵向水平杆与立杆用直角扣件和立杆连接住。

先树两端立杆，后树中间各根立杆。

纵向扫地杆固定在立杆内侧，其距底座上皮的距离不应大于200mm。横向扫地杆应采用直角扣件固定在紧靠纵向扫地杆下方的立杆上，或者紧挨着立杆，固定在纵向扫地杆下侧。

在连接各杆件时，必须有一人负责校正立杆的垂直度。

④ 搭设纵向水平杆和横向水平杆。立杆竖立后，为防止架子倾倒，要及时搭设纵向水平杆和横向水平杆，见图4-24。

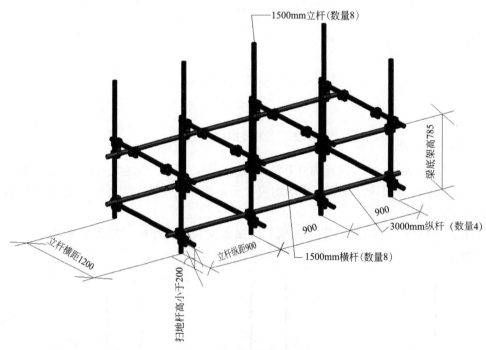

图4-24 支撑架搭设成果

当安装纵向水平杆时，纵向水平杆的搭设要符合下列规定。

a. 纵向水平杆应作为横向水平杆的支座，用直角扣件固定在立杆上。

b. 纵向水平杆宜设置在立杆内侧，其长度不宜小于3跨。

（4）钢筋工程

① 材料准备：成型钢筋、20～22号镀锌铁丝、保护层塑料卡。

② 机具准备：钢筋钩子、石笔、钢卷尺等。

③ 绑扎流程见图4-25。

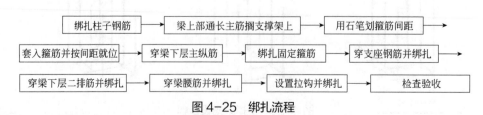

图4-25 绑扎流程

④ 绑扎要点

a. 箍筋在叠合处的弯钩，在梁中应交错绑扎。

b. 绑梁纵筋与箍筋宜用套扣法绑扎（如图 4-26 所示），成八字形扎法，绑扎牢固不松动。

(a) 第一步　　　　　　　　(b) 第二步　　　　　　　　(c) 第三步

图 4-26　套扣法

c. 梁端第一个箍筋应设置在距离柱节点边缘 50mm 处。梁端与柱交接处箍筋应加密，其间距与加密区长度均要符合设计要求。

d. 各交叉点要满扎，各钢筋牌号、规格、间距、数量、位置、尺寸、锚固长度必须符合要求。

e. 垫好保护层。

⑤ 梁钢筋绑扎质量自检。梁钢筋绑扎质量按《钢筋绑扎安装操作技能评分表》的要求进行自检，并符合钢筋工程质量验收规范。

（5）模板工程

① 材料准备：成型模板、对拉螺杆、步步紧。

② 机具准备：铁锤、线锤、钢卷尺等。

③ 支模流程见图 4-27。

图 4-27　支模流程

④ 支模要点

a. 梁底模中心线要与轴线对正，确保梁的位置正确。

b. 柱子模板要保证垂直度，柱箍牢固不松动。

c. 梁侧模用扣件进行固定，尺寸符合断面要求。

（6）质量验收

钢筋综合实训操作技能评分见表 4-11。

表 4-11　钢筋综合实训操作技能评分表

组别＿＿＿＿＿＿＿＿　姓名＿＿＿＿＿＿＿＿　班级＿＿＿＿＿＿＿＿　座位号＿＿＿＿＿＿＿＿

考核项目	考核内容	考核要求	分值	评分	备注
时间	有效时间	按规定的时间内完成	10		每推迟 10 分扣 1 分
配料	原材料	基本准确	10		每位学生必须提供
测量放线	弹线偏差	±2mm	4		梁轴线、柱边线抽 1 点，每处扣 2 分
	标高传递	±3mm	4		抽一点，扣 4 分

考核项目	考核内容	考核要求	分值	评分	备注
支模架	扣件拧紧程度、使用朝向	40～65N·m 开口朝向内	5		用主节点 3 个扣件，力矩 40～65N·m，每个扣 1 分。扣件开口朝向错误，每个扣 1 分
	立杆垂直度	±7mm	4		抽测两根立杆偏差不大于 7mm，每超过扣 2 分
	纵向水平杆一根杆的两端高差	±20mm	4		测两处，每大于 20mm 扣 4 分
	扫地杆设置	高度不大于 200mm，纵、横扫地杆位置	5		纵向扫地杆设置高度大于 200mm，扣 5 分。纵、横向扫地杆上下位置错误，扣 5 分
	杆件端部伸出扣件盖板长度	小于 100mm	2		杆件端部伸出扣件盖板边缘小于 100mm 或大于 300mm，每处扣 2 分
钢筋绑扎工程	绑扎钢筋骨架	长 ±10mm 宽 ±5mm 高 ±5mm	3		抽测 3 个点，每处扣 1 分
	纵向受力钢筋数量、直径、间距	锚固长度 −20mm 间距 ±10mm 排距 ±5mm	3		各抽测 1 个点，每处扣 1 分
	箍筋数量、直径、间距	±20mm	4		抽测 2 个点，每处扣 2 分
	保护层厚度	柱梁 ±5mm	4		抽测 2 个点，每处扣 2 分
	扎丝位置、质量	牢固、八字扎法	4		交叉点需全部扎牢，同一钢筋相邻扎点八字交错，一个同向扣 2 分
模板工程	轴线位置	5mm	5		检查一个点，偏差超 5mm 扣 5 分
	底模上表面标高	±5mm	3		检查两个点，偏差超 5mm 扣 3 分
	柱垂直度	8mm	2		检查一个点，偏差超 8mm 扣 2 分
	模板内部尺寸（梁、柱）	±5mm	2		检查两个点，偏差超 5mm 扣 2 分
文明施工	安全帽	佩带正确	4		安全帽的下颚带未系或未系紧，扣 4 分
	穿着符合登高作业要求	束身	2		衣服穿着松散、鞋带未系牢，扣 2 分
	操作	规范操作，安全无事故	8		发生人或物坠落，未造成损害的扣 5 分；造成损害的扣 8 分
	材料使用	抛掷现象	5		抛掷任何材料、工具、物品扣 5 分
	清理	工完场清，分类堆放	3		未做到工完场清、分类整齐堆放扣 3 分
总评			100		
备注	1. 钢筋安装是集体项目，一般每一小组成员得分相同 2. 若有个别学生表现欠佳的情况，教师可视情况另行给分				

（7）实训注意事项

① 服从实训指导教师的领导，实训期间注意安全，严禁打闹、嬉戏，杜绝一切事故。

② 实训时遵守纪律，不迟到，不早退。

③ 尊重专业技术人员及指导教师，虚心求教。

④ 实训结束后拆除钢筋骨架、按要求分类归位、打扫场地，经指导教师同意后方可离场。

（8）学生实训提交成果（实训结束后第二天提交）

① 提交配材单（详附件）。

② 实训后，对项目操作注意事项及要点进行整理，并填写到实训成果报告（表4-12）内。

③ 考核后，对整个实训进行实训总结，提供总结报告成果。

④ 实训报告书写勿记流水账，多从技术要点、自己的成长收获体验、团队协作、工匠精神等方面思考，找寻实训的意义，发现自己经过实训后身上展现的闪光点。

表 4-12　钢筋综合实训成果报告

班级　_____　姓名　_____　座位号　_____

注意事项及要点 （实训后完成）	
总结报告或体会 （考核后完成） 不少于400字	

400

500

4.4.7 梁（350×550）柱钢筋材料配料计算

（1）钢筋配料计算

表 4-13 为钢筋配料计算表。

表 4-13　钢筋配料计算表

钢筋计算条件	计算参数
（1）混凝土强度等级：C30 （2）抗震等级：三级抗震 （3）纵筋连接方式：对焊（除特殊规定外，本书的纵筋钢筋接头只按定尺长度计算接头个数，不考虑钢筋的实际连接位置） （4）钢筋定尺长度：9000mm （5）h_c：柱宽；h_b：梁高；d：钢筋直径；b：梁宽度	（1）柱保护层厚度 $c = 20\text{mm}$ （2）梁保护层厚度 $c = 20\text{mm}$ （3）抗震锚固长度 $L_{aE} = 37d$ （4）双肢箍外皮长度计算公式： $(b+h)×2-8c+19d$ （5）箍筋起步距离 50mm

① 上部钢筋计算（表 4-14）。

表 4-14　框架梁上部钢筋计算表

钢筋名称	计算过程	说明
上部通长筋 2⊕20	计算公式：钢筋下料长度（外包尺寸） $L =$ 净跨 $L_n+[$左端平直段长度（h_c-c）$-1×$箍筋直径 $-1×$柱筋直径 $-1×$钢筋净距$]+[$右端平直段长度（h_c-c）$-1×$箍筋直径 $-1×$柱筋直径 $-1×$钢筋净距$]+2×$弯钩段长度（$15d$）$-2×$钢筋度量差值（$2d$）	判断两端支座的锚固方式为 左端支座 500mm $< L_{aE}$，左端支座弯锚 右端支座 500mm $< L_{aE}$，左端支座弯锚
	上部通长筋长度 $L =$	简图 （简图）
支座 1 第一排负筋 3⊕20	计算公式： $L =$ 净跨 $L_n/3+$ 平直段长度（h_c-c）$-1×$箍筋直径 $-1×$柱筋 $-1×$钢筋净距 $+1×$弯钩段长度（$15d$）$-1×$钢筋度量差值（$2d$）	左端支座锚固同上部通长钢筋（弯锚）；跨内延伸长度 $L_n/3$ L_n：对于端跨，为本跨净长；对于中间跨，为相邻两跨净长的较大值
	支座负筋长度 $L =$	简图 （简图）
支座 1 第二排负筋 2⊕20	计算公式： $L =$ 净跨 $L_n/4+$ 平直段长度（h_c-c）$-1×$箍筋直径 $-1×$柱筋直径 $-1×$梁筋直径 $-1×$下排筋直径 $-2×$钢筋净距 $+$ 弯钩段长度（$15d$）$-1×$钢筋度量差值（$2d$）	左端支座锚固同上部通长钢筋（弯锚）；跨内延伸长度 $L_n/4$ L_n：对于端跨，为本跨净长；对于中间跨，为相邻两跨净长的较大值
	支座负筋长度 $L =$	简图 （简图）
支座 2 第一排负筋 2⊕20	计算公式： $L =$ 净跨 $L_n/3+$ 平直段长度（h_c-c）$-1×$箍筋直径 $-1×$柱筋 $-1×$钢筋净距 $+1×$弯钩段长度（$15d$）$-1×$钢筋度量差值（$2d$）	左端支座锚固同上部通长钢筋（弯锚）；跨内延伸长度 $L_n/3$ L_n：对于端跨，为本跨净长；对于中间跨，为相邻两跨净长的较大值
	支座负筋长度 $L =$	简图 （简图）

钢筋名称	计算过程	说明
架立钢筋 （2Φ12）	计算公式： L＝净跨 $L_n/3$＋搭接长度（150mm）×2	支座负筋与架立钢筋搭接长度取150mm
	架立钢筋长度 L＝	简图 _____?_____
总质量： （Φ20） （公称质量 2.47kg/m）	总长＝ 总质量＝	

注：计算下料长度，并在简图上"?"处标注计算长度尺寸。

② 下部钢筋计算（表4-15）。

表4-15　框架梁下部钢筋计算表

钢筋名称	计算过程	说明
下部下排通长 钢筋 5Φ18	计算公式： L＝净跨 L_n＋[左端平直段长度（h_b-c）－1×箍筋直径 －1×柱筋直径 －1×钢筋净距 －1×上部通长筋直径]＋[右端平直段长度（h_b-c）－1×箍筋直径 －1×柱筋直径 －1×钢筋净距 －1×上部通长筋直径]＋2×弯钩段长度（15d）－2×钢筋度量差值（2d）	左、右端支座 400（500）< L_{aE}，左端支座弯锚
	下部通长筋长度 ＝	简图 ?
总质量： （Φ18） （公称质量 2.0kg/m）	总长＝ 总质量＝	

注：计算下料长度，并在简图上"?"处标注计算长度尺寸。

③ 构造钢筋计算（表4-16）。

表4-16　梁侧面纵向构造钢筋计算表

钢筋名称	计算过程	说明
侧面纵向构造 钢筋 G2Φ12	计算公式： L＝净跨 L_n＋锚固长度（15d）×2	梁侧面纵向构造钢筋的搭接与锚固长度取 15d
	侧面纵向构造钢筋长度 ＝	简图 _____?_____
架立钢筋 （2Φ12）	计算公式： L＝净跨 $L_n/3$＋搭接长度（150mm）×2	支座负筋与架立钢筋搭接长度取150
	架立钢筋长度 L＝	简图 _____?_____
总质量： （Φ12） （公称质量 0.888kg/m）	总长＝ 总质量＝	

注：计算下料长度，并在简图上"?"处标注计算长度尺寸。

④ 箍筋计算（四肢箍大小箍，表 4-17）。

表 4-17　框架梁箍筋计算表　　　　　　　　　　　　　　　　　　　　单位：mm

钢筋名称	计算过程	说明
箍筋 φ8@100 /200（4） （大箍）	四肢箍其中大箍外皮长度计算公式： $b×2+h×2-8c-18×8$	按外皮计算长度
	箍筋长度（大箍） $L=$	简图
箍筋 φ8@100 /200（4） （小箍）	小箍外皮长度计算公式： 宽度 $×2+h×2-4c-18×8$	简图
	箍筋长度（小箍） $L=$	
箍筋根数	箍筋加密区长度＝ 加密区个数＝ 非加密区个数＝ 箍筋总个数＝	三级抗震箍筋加密区长度： $≥1.5h_b$ 且 $≥500$
总质量： （φ8 钢筋） （公称质量 0.395kg/m）	总长＝ 总质量＝	

注：计算下料长度，并在简图上"？"处标注计算长度尺寸。

（2）脚手架配料表

表 4-18 为脚手架配料表。

表 4-18　脚手架配料表

序号	杆件名称	规格	单位	总量 / 根	备注
1	大横杆	3000	mm		规格 48×3.5
2	小横杆	1500	mm		规格 48×3.5
3	立杆	1500	mm		规格 48×3.5
4	直角扣件	KZφ48A	只		

（3）模板配料表

表 4-19 为模板配料表。

表 4-19　模板配料表　　　　　　　　　　　　　　　　　　　　单位：mm

序号	杆件名称	规格	单位	总数量	备注
1	梁底模	3150×350×15	块		
2	梁侧模（带方木）	3150×450×15	块		方木尺寸 50×50×2960

序号	杆件名称	规格	单位	总数量	备注
3	柱侧模（带方木）	1250×530×15	块		
4	柱侧模（带方木）	1250×500×15	块		
5	柱侧模（带方木）	1250×500×15	块		带凹口（尺寸 380×450）
6	对拉螺杆		根		对拉螺杆
7	步步紧		个		

4.5 钢筋 BIM 技能实训

4.5.1 实训的目的

实训是教学计划的重要环节，是学生接触实际、了解社会的重要途径，是培养实践能力、提高综合素质的重要手段。BIM 实训可以使学生熟练掌握 BIM 相关软件的建模流程，提升对专业图纸的识读能力以及自觉学习的综合能力，为后续将 BIM 应用于其他课程设计及毕业设计打下基础。

4.5.2 实训任务

参加实训的人员分组完成综合实训项目的建模。

4.5.3 实训地点与基本要求

实训地点：BIM 实训室。
实习任务：4～5 人一组，组长牵头，根据综合实训结构图，进行全过程建模。

4.5.4　实训的内容和要求

本实训内容包括知识串讲、实训指导、大作业三个环节。通过关键知识的串讲，使学生掌握 Revit 建模知识；通过实训指导，使学生熟练掌握常见建模方法及技巧，并解答疑难问题；通过大作业，使学生形成工程项目建模整体概念，将单个建模技巧融会贯通。

其中，大作业分为两个部分：第一部分是房建工程建模，要求结合指导老师讲解，独自完成别墅建模；第二部分是进阶建模，要求组队合作完成。

本实训的基本要求是：

① 掌握 Revit 的操作界面、操作方法、项目设置及模型创建；

② 掌握设计必备的各构件图元的创建、编辑方法和图纸画法要点；

③ 掌握族类型及其相应创建方法和使用要点。

4.5.5　实训安排

表 4-20 为实训安排。

表 4-20　实训安排

序号	实训内容	实训方式手段	教学进度安排 /d	计算机上机时数 /h
1	Revit 基础操作	上机	0.5	4
2	创建标高和轴网	上机	0.25	2
3	创建脚手架	上机	0.25	2
4	创建梁、柱钢筋	上机	0.5	4
5	创建模板	上机	0.5	4
6	布图与打印	上机	0.5	4
7	族与项目样板	上机	0.5	4

4.5.6　实训成果

（1）综合实训项目完成建模（个人独自完成建模任务）

依据提供的图纸（图 4-28、图 4-29），分组管理，个人独立完成建模任务。

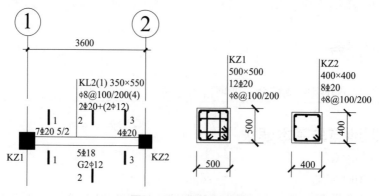

图 4-28　梁柱平法图

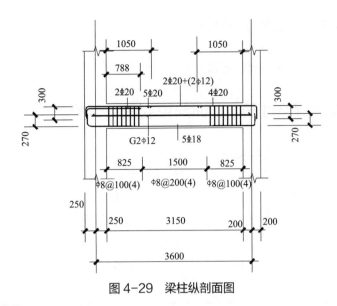

图 4-29 梁柱纵剖面图

（2）完成建模成果

实训成果如图 4-30 所示。

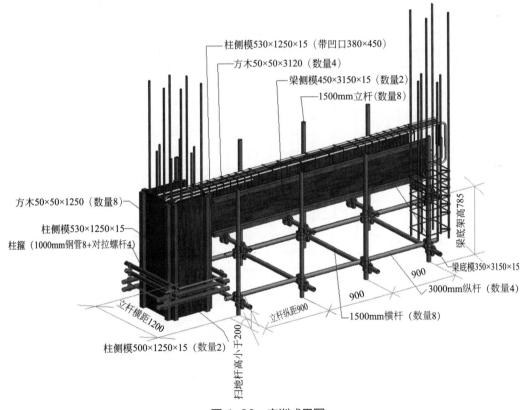

图 4-30 实训成果图

4.5.7 注意事项

① 服从实训指导教师的领导，实训期间注意安全，严禁打闹、嬉戏，杜绝一切事故。

② 实训时遵守纪律，不迟到，不早退。

③ 尊重专业技术人员及指导教师，虚心求教。

④ 实训结束后经指导老师同意方可离场。

4.5.8 学生实训提交成果（实训结束后第二天提交）

① 提交综合实训项目的建模成果。

② 实训后，对绑扎注意事项及要点进行整理，并填写到实训成果报告（表 4-21）内。

③ 考核后，对整个实训进行总结，提供总结报告成果。

④ 实训报告书写勿记流水账，多从技术要点、自己的成长收获体验、团队协作、工匠精神等方面思考，找寻实训的意义，发现自己经过实训后身上展现的闪光点。

表 4-21 钢筋 BIM 实训成果报告

班级 _____ 姓名 _____ 座位号 _____

注意事项及要点 （实训后完成）	
总结报告或体会 （考核后完成） 不少于 400 字	

400

500

附录 **1**

理论评价标准习题库及答案

1.1 理论评价标准习题库

理论评价标准
习题库

理论评价
标准习题库
（带答案）

1.1.1 职业道德与职业能力习题库

1.1.1.1 判断题（请在括号内填入答案，对的填 A，错的填 B）

1.（   ）道德是人们共同生活及其行为的准则和规范，通俗讲就是做人的道理和规矩。

2.（   ）职业（Occupation），根据中国职业规划师协会的定义：是性质相近的工作的总称，通常指个人服务社会并作为主要生活来源的工作。

3.（   ）2021 年 3 月 18 日，人力资源和社会保障部发布第四批新职业，包含十个方向（生产、加工、制造、服务、娱乐、政治、科研、教育、农业、管理）。

4.（   ）职业资格是对从事某一职业所必备的学识、技术和能力的基本要求，包括从业资格和专业资格。

5.（   ）从业资格是指从事某一专业（工种）学识、技术和能力的起点标准，是政府规定专业技术人员从事某种某种专业技能时必须具备的资格。

6.（   ）从业资格通过学历认定或考试取得。

7.（   ）执业资格通过学历认定或考试方法取得。

8.（   ）我国实行双证制，学历证书和职业资格证书都是求职人员的就业凭证。

9.（   ）职业定向与选择是指个人对于自己就业的种类、方向的挑选和确定。

10.（   ）社会主义职业道德规范对各行业提出了共同要求，其中奉献社会是前提。

11.（   ）职业定向与选择是指他人对于自己就业的种类、方向的挑选和确定。

12.（   ）职业锚是指当一个人面临职业选择时，他无论如何都不会放弃的职业中至关重要的东西，它是人们内心深层次价值观、能力和动机的整合体。

13.（   ）多血质类型的人的特点是：热情、精力旺盛、易冲动、反应快、脾气急躁、心境变化剧烈。

14.（   ）职业道德是指从业人员在职业活动中所应遵循的符合自身职业特点的行为规范。

15.（   ）社会主义职业道德是在社会主义公有制基础上，在社会主义和共产主义道德精神的指导下形成的，是建立在全体人民根本利益一致的基础上的新型职业道德，是真正为人民利益服务的。

1.1.1.2 单项选择题

1.关于职业的特征以下哪项是不正确的（   ）。

A. 职业的社会属性　　　　B. 职业的规范性　　　　C. 职业的经济性　　　　D. 职业的多变性

2. 职业资格是对从事某一职业所必备的学识、技术和能力的基本要求，包括（　　）资格和执业资格。

A. 职业　　　　　B. 从业　　　　　C. 事业　　　　　D. 专业

3. 职业资格是对从事某一职业所必备的学识、技术和能力的基本要求，包括从业资格和（　　）资格。

A. 职业　　　　　B. 执业　　　　　C. 事业　　　　　D. 专业

4. 国家职业资格等级分为初级（五级）、中级（四级）、高级（三级）、（　　）、高级技师（一级）共五个等级。

A. 技术员　　　　B. 助理工程师　　　C. 技师（二级）　　D. 技师（三级）

5. 2021 年 3 月 18 日，人力资源和社会保障部发布第四批新职业，木工、电工属于第（　　）产业。

A. 一　　　　　　B. 二　　　　　　C. 三　　　　　　D. 四

6. 2021 年 3 月 18 日，人力资源和社会保障部发布第四批新职业，大型公办教育业和医疗业属于第（　　）产业。

A. 一　　　　　　B. 二　　　　　　C. 三　　　　　　D. 四

7. 社会主义职业道德规范对各行业提出了共同要求，其中（　　）是前提。

A. 诚实守信　　　B. 办事公道　　　C. 奉献社会　　　D. 爱岗敬业

8. 影响职业定向选择的客观因素有：社会的职业需求、社会的职业评价、（　　）、学校教育和家庭教育等。

A. 经济效益　　　B. 发展方向　　　C. 社会性　　　　D. 个人因素

9. 影响职业定向选择的客观因素有：（　　）、社会的职业评价、经济效益、学校教育和家庭教育等。

A. 社会性　　　　B. 发展方向　　　C. 社会的职业需求　D. 个人因素

10. 美国心理学家霍兰德对个性与职业德吻合进行了研究，他认为，决定个人选择何种职业有六种基本的个性类型：（　　）、研究型、艺术型、社会型、企业型和常规型。

A. 现实型　　　　B. 发展型　　　　C. 活泼型　　　　D. 个性型

11. 美国心理学家霍兰德对个性与职业德吻合进行了研究，他认为，决定个人选择何种职业有六种基本的个性类型：现实型、研究型、（　　）、社会型、企业型和常规型。

A. 艺术型　　　　B. 发展型　　　　C. 社交型　　　　D. 个性型

12. 美国麻省理工学院的埃德加·施恩教授根据对学生的研究，提出（　　）种类型的职业锚。

A. 一　　　　　　B. 三　　　　　　C. 四　　　　　　D. 五

13. 古希腊医学家希波克拉底把人的气质分为多血质、胆汁质、黏液质、（　　）四种。

A. 神经质　　　　B. 多动质　　　　C. 抑郁质　　　　D. 多变质

14. 哈佛大学心理学家戈尔曼发现一个人的（　　）对其在职场上成功与否发挥着决定性的作用。

A. IQ　　　　　　B. EQ　　　　　　C. CQ　　　　　　D. QQ

15. 社会主义职业道德具有先进性、多层次性、（　　）、教育形成性等特点。

A. 现实性　　　　B. 开放性　　　　C. 活泼性　　　　D. 艺术性

1.1.2　基础知识习题库

1.1.2.1　判断题（请在括号内填入答案，对的填 A，错的填 B）

1.（　　）相对标高是以建筑物的一层室外主要使用房间的基础顶面为零点，用 ±0.0 表示。

2. （　　）工程图上的汉字应写成宋体。

3. （　　）相对标高是以建筑物的首层室外主要使用房间的基础顶面为零点，用 ±0.0 表示。

4. （　　）所有投影线相互平行并垂直投影面的投影法称为平行投影法。

5. （　　）平面体是表面由若干个平面或曲面围成的立体。

6. （　　）吊车梁构件代号是 DC。

7. （　　）图纸会审制度即设专人对钢筋配料单进行核对。

8. （　　）建筑物设防烈度应该在结构图纸总说明里查找。

9. （　　）在钢筋的等级划分中，"HRB" 表示冷轧带肋钢筋。

10. （　　）在钢筋的等级划分中，"HPB" 表示热轧光圆钢筋。

11. （　　）在碳素钢钢筋中，低碳钢钢筋的含碳量大于 0.25%。

12. （　　）热处理钢筋是对由高碳钢制成的普通低合金钢钢筋进行淬火和回火的调质热处理所得到的钢筋。

13. （　　）受力钢筋是因构件的构造要求和施工安装需要配置的钢筋。

14. （　　）弯起钢筋属于构造钢筋。

15. （　　）箍筋具有满足正截面抗剪强度，并使钢筋混凝土梁内形成钢筋骨架的构造钢筋。

16. （　　）根据《混凝土结构设计规范》(GB 50010—2010)(2015 年版) 的有关规定，通常情况下，处于三类环境中的 C50 预制混凝土梁内，纵向受力钢筋的混凝土保护层厚度为 25mm。

17. （　　）处于正常环境时，若没有对封锚保护做具体设计要求时，外露预应力筋保护层的厚度不应小于 20mm。

18. （　　）处于易受腐蚀的环境时，若没有对封锚保护做具体设计要求时，外露预应力筋保护层的厚度不应小于 20mm。

19. （　　）直接承受吊车荷载的钢筋混凝土吊车梁，在同一连接区段内纵向受拉钢筋的焊接接头面积百分比不应大于 50%。

20. （　　）根据《混凝土结构工程施工质量验收规范》(GB 50204—2015) 的规定，在 C30～C35 混凝土中，当 HRB400、RRB400 级纵向带肋受拉钢筋采用环氧树脂涂层的带肋钢筋，且绑扎搭接接头面积百分率大于 50% 时，其最小搭接长度为 25×1.35 倍钢筋直径。

21. （　　）处于三类环境中的 C50 预制混凝土墙体内，纵向受力钢筋的混凝土保护层厚度为 15mm。

22. （　　）对于有抗震要求的结构，箍筋弯钩的弯折角度不应大于 90°。

23. （　　）对于一般结构，箍筋弯后平直部分的长度不宜小于箍筋直径的 5 倍。

24. （　　）在企业的生产经营活动中，促进员工之间团结互助的措施是加强交流，密切合作。

25. （　　）钢筋工小张认为在工作中应当杜绝浪费，以节约施工材料。

26. （　　）技术交底制度指业主代表针对施工操作的项目向施工班组提出的技术方面的标准、规程及操作要点等要求。

27. （　　）钢筋应尽量储存在仓库或料棚内，钢筋堆下应有垫木，使钢筋离地不小于 200mm。

28. （　　）使用钢筋调直机送料前应将不直的钢筋端头切除。

29. （　　）通常情况下，允许切断超过机械铭牌规定的直径和强度的钢材以及烧红的钢筋。

30. （　　）钢筋工小赵在繁忙的工作之余经常找来一些专业书籍进行自学，还就有关问题与有经验的老师傅一同讨论，以不断提高自己的技能水平。他的这种做法集中体现了钢筋工钻研技术这一职业守则。

31. （　　）特种作业人员包括：电工、锅炉司炉工、起重工（包括各种起重司机、起重指挥和司索人员）、压力容器工、金属焊接（气割）工、安装拆卸工、场内机动车辆驾驶和建筑登高架设人员等。

32. （　　）特种作业人员包括：电工、锅炉司炉工、起重工（包括各种起重司机、起重指挥和司索人员）、压力容器工、金属焊接（气制）工、混凝土工、场内机动车辆驾驶和建筑登高架设人员等。

33.（　　）酒后不准上班作业。

34.（　　）"三不伤害"是指不伤害自己、不伤害他人、不被他人伤害。

35.（　　）合格的钢筋工应该会报火警，会使用灭火器材，会处理初起火灾。

36.（　　）有必要时可以站在小推车上操作。

37.（　　）进入施工现场必须戴好安全帽，系好帽带，并正确使用个人劳动防护用品。

38.（　　）凡 2m 以上的高处作业无安全设施，必须系好安全带；安全带必须先挂牢后再作业。

39.（　　）钢筋加工制作过程中场界噪声不得超过《建筑施工场界噪声排放标准》（GB 12523—2011）规定的排放限值，昼间不超过 70dB（A），夜间不超过 55dB（A）。

40.（　　）"五临边"是指尚未安装栏杆的阳台周边、无外架防护的屋面周边、框架工程楼层周边、上下跑道及斜道的两侧边、卸料平台的侧边。

41.（　　）根据《中华人民共和国建筑法》的规定，建筑施工企业必须为从事机械操作的职工办理重大疾病保险、支付保险费。

42.（　　）根据《中华人民共和国安全生产法》的有关规定，如果钢筋工发现事故隐患时，正确的处理方式是立即告诉与自己要好的同伴，一同远离隐患地点。

43.（　　）根据《中华人民共和国劳动法》的规定，劳动合同可以约定试用期。试用期最长不得超过一年。

44.（　　）根据《中华人民共和国劳动法》的规定，国家实行劳动者每日工作时间不超过八小时，平均每周工作时间不超过三十六小时的工时制度。

45.（　　）根据《中华人民共和国劳动法》的规定，用人单位由于生产经营需要，经与工会和劳动者协商后可以延长工作时间，一般每日不得超过三小时。

46.（　　）根据《中华人民共和国安全生产法》的规定，生产单位的从业人员发现直接危及人身安全的紧急情况时，不得停止作业，应待上级负责人批准后再做处理。

47.（　　）根据《中华人民共和国劳动法》的规定，用人单位应当保证劳动者每月至少休息一日。

48.（　　）根据《中华人民共和国劳动法》的规定，国家对女职工和未成年工实行特殊劳动保护。其中，未成年工是指年满十七周岁未满十九周岁的劳动者。

49.（　　）施工图的识读步骤是先看目录，初步阅读各工种设计说明，再阅读建施图，再阅读结施图。

1.1.2.2　单项选择题

1.（　　）主要说明建筑物的总体布局、外部造型、内部布置、细部构造、装饰装修和施工要求等。

A.建筑图纸　　　　　　B.结构图纸　　　　　　C.设备图纸　　　　　　D.总说明

2.（　　）主要说明建筑的结构设计内容，包括结构构造类型，结构的平面布置，构件的形状、大小、材料要求等。

A.建筑图纸　　　　　　B.结构图纸　　　　　　C.设备图纸　　　　　　D.总说明

3.（　　）包括给水、排水、采暖通风、电气照明等各种施工图，主要有平面布置图、系统图等。

A.建筑图纸　　　　　　B.结构图纸　　　　　　C.设备图纸　　　　　　D.总说明

4.基础图包括基础平面图和（　　）。

A.基础详图　　　　　　B.柱平面图　　　　　　C.设备图纸　　　　　　D.总说明

5.想要明确建筑材料的标号，应查看（　　）。

A.基础详图　　　　　　B.柱平面图　　　　　　C.结构总说明　　　　　　D.总说明

6.为了突出表示钢筋的配置情况，在构件结构图中，把钢筋画成（　　），构件的外形轮廓线画成细实线。

    A. 虚线   B. 粗实线   C. 点划线   D. 细实线

7. 为了突出表示钢筋的配置情况，在构件结构图中，把钢筋画成粗实线，构件的外形轮廓线画成（　　　）。

    A. 虚线   B. 粗实线   C. 点划线   D. 细实线

8. 在构件的断面图中，钢筋的截面画成（　　　）。

    A. 虚线   B. 实线   C. 粗圆点   D. 波浪线

9. 3Φ22 钢筋表示设置（　　　）根钢筋。

    A. 3   B. 22   C. 25   D. 66

10. 3Φ22 钢筋表示设置直径是（　　　）mm 的钢筋。

    A. 3   B. 22   C. 25   D. 66

11. 3Φ22 钢筋表示设置牌号是（　　　）的钢筋。

    A. HPB300   B. HRB335   C. HRB400   D. HRB500

12. 3Φ22 钢筋可以表示（　　　）。

    A. 柱箍筋   B. 梁箍筋   C. 板分布筋   D. 梁纵筋

13. Φ10@200 钢筋可以表示（　　　）。

    A. 柱箍筋   B. 柱纵筋   C. 梁腰筋   D. 梁纵筋

14. Φ10@200 钢筋表示设置距离为（　　　）mm 的钢筋。

    A. 10   B. 100   C. 200   D. 250

15. Φ10@200 钢筋表示采用牌号为（　　　）的钢筋。

    A. HPB300   B. HRB335   C. HRB400   D. HRB500

16. Φ10@200 钢筋表示采用直径为（　　　）mm 的钢筋。

    A. 10   B. 100   C. 200   D. 250

17. 受力钢筋是指在外部荷载作用下，通过计算得出的构件所需配置的钢筋。包括受拉钢筋、受压钢筋、（　　　）等。

    A. 弯起钢筋   B. 分布筋   C. 架立筋   D. 构造筋

18. 钢筋 HPB300 表示（　　　）钢筋。

    A. 热轧带肋   B. 热轧光圆   C. 余热处理   D. 细晶粒热轧

19. 钢筋 HRB500 表示（　　　）钢筋。

    A. 热轧带肋   B. 热轧光圆   C. 余热处理   D. 细晶粒热轧

20. 钢筋 RRB400 表示（　　　）钢筋。

    A. 热轧带肋   B. 热轧光圆   C. 余热处理   D. 细晶粒热轧

21. 钢筋 CRB800 表示（　　　）钢筋。

    A. 热轧带肋   B. 热轧光圆   C. 冷轧带肋   D. 细晶粒热轧

22. 同一栋楼的其他专业图纸轴线编号、尺寸，它必须与建筑平面图（　　　）。

    A. 可以各自有一套   B. 必须不一样   C. 可以不一样   D. 必须完全一致

23.（　　　）是把我国青岛附近黄海的平均海平面定为标高的零点。

    A. 绝对标高   B. 相对标高   C. 结构标高   D. 建筑标高

24. Φ8@200 表示直径为 8mm，（　　　）的 HPB300 级钢筋。

    A. 钢筋中心距为 200mm   B. 钢筋间距为 200mm

    C. 相邻钢筋中心距为 200mm   D. 相邻钢筋间距为 200mm

25. 半圆弯钩仅用于（　　　）级受力钢筋。

    A. HPB300   B. HRB335   C. HPB400   D. HRB500

26. 比例是图形与实物相对应的线性尺寸之比，比例应以（　　）表示。

A. 希腊字母　　　　　　B. 中文数字　　　　　　C. 阿拉伯数字　　　　　　D. 英文字母

27. 处于（　　）时，外露无黏结预应力筋保护层的厚度不应小于 20mm。

A. 正常环境　　　　　　B. 易受腐蚀的环境　　　C. 干燥环境　　　　　　D. 高温环境

28. 处于二类 a 级环境中的 C40 预制混凝土壳体内，纵向受力钢筋的混凝土保护层厚度为（　　）mm。

A. 10　　　　　　　　　B. 15　　　　　　　　　C. 20　　　　　　　　　D. 25

29. 吊车梁的构件代号是 D（　　）。

A. I　　　　　　　　　B. E　　　　　　　　　C. CH　　　　　　　　　D. L

30. 盖板或沟盖板的构件代号是（　　）。

A. GA　　　　　　　　B. GB　　　　　　　　C. AN　　　　　　　　D. AB

31. 用钢筋切断机切断短料时，手和切刀之间的距离应保持在（　　）mm 以上。

A. 100　　　　　　　　B. 150　　　　　　　　C. 200　　　　　　　　D. 250

32. 使用钢筋弯曲机时，芯轴直径应为钢筋直径的（　　）倍。

A. 1　　　　　　　　　B. 1.5　　　　　　　　C. 2　　　　　　　　　D. 2.5

33. 对超过钢筋弯曲机的机械铭牌规定直径的钢筋（　　）。

A. 应多次弯曲　　　　　　　　　　　　　　B. 可以两人以上共同完成操作

C. 可以三人以上共同完成操作　　　　　　　D. 严禁进行弯曲

34. 钢筋调直切断机的调直块的孔径应比钢筋直径大（　　）mm。

A. 1　　　　　　　　　B. 1.5　　　　　　　　C. 2～5　　　　　　　　D. 2.5

35. 钢筋调直切断机传动速度应根据钢筋直径选用，直径大的宜选用（　　）。

A. 快速　　　　　　　　B. 慢速　　　　　　　　C. 加速　　　　　　　　D. 减速

36. 卷扬机与冷拉中线的距离不得少于（　　）m。

A. 3　　　　　　　　　B. 4　　　　　　　　　C. 5　　　　　　　　　D. 6

37. 卷扬机操作人员在作业时必须离开钢筋（　　）m 以外。

A. 2　　　　　　　　　B. 3　　　　　　　　　C. 4　　　　　　　　　D. 5

38. 严寒和高温使得工人体力和注意力下降，雨雪天气会导致工作面的湿滑，这些都容易导致事故的发生，说明了现场施工工作的（　　）。

A. 多样性　　　　　　　B. 多变性　　　　　　　C. 危险性　　　　　　　D. 流动性

39. 新进场的劳动者必须经过上岗前的"三级"安全教育，即（　　）、项目部教育、班组教育。

A. 学历教育　　　　　　B. 学位教育　　　　　　C. 公司教育　　　　　　D. 同事互相教育

40. 转换工作岗位和离岗后重新上岗人员，（　　）"三级"安全教育后允许上岗工作。

A. 可以不用经过　　　　B. 必须重新经过　　　　C. 可以自愿选择进行　　D. 无需再进行

41. 特种作业操作证，每（　　）复审一次。

A. 一年　　　　　　　　B. 两年　　　　　　　　C. 三年　　　　　　　　D. 半年

42.《中华人民共和国劳动法》规定：从事特种作业的劳动者，必须经过专门培训，并（　　）。

A. 具备大学学历　　　　B. 机智过人　　　　　　C. 沉着冷静　　　　　　D. 取得特种作业资格

43. 穿（　　）、高跟鞋、赤脚或赤膊不准进入施工现场。

A. 拖鞋　　　　　　　　B. 布鞋　　　　　　　　C. 皮鞋　　　　　　　　D. 雨靴

44. 凡（　　）m 以上的高处作业无安全设施，必须系好安全带。

A. 1　　　　　　　　　B. 2　　　　　　　　　C. 3　　　　　　　　　D. 4

45. 穿（　　）不得进行登高作业。

A. 电工鞋　　　　　　　B. 布鞋　　　　　　　　C. 硬底鞋　　　　　　　D. 雨靴

46. 钢筋工程施工人员在图纸会审时发现图纸有矛盾之处，应（　　）。

A. 自行对图纸进行修改　　　　　　　　　　B. 及时向技术部门汇报

C. 与班组长重新绘制图纸　　　　　　　　　D. 将其作废

47. 钢筋工小张在工作中采取了一系列措施来节约施工材料，（　　）的做法是错误的，不是节约施工材料的正确途径。

A. 在施工过程中，减少材料浪费　　　　　　B. 在施工之前精打细算

C. 在施工过程中，减少工序、多使用价格便宜的材料

D. 在保证安全的前提下，短料接长使用

48. 钢筋混凝土板中的分布钢筋是垂直于板内主筋方向上布置的，主要为满足（　　）要求而设置的。

A. 施工　　　　　　　　B. 加工　　　　　　　　C. 构造　　　　　　　　D. 荷载

49. 根据《混凝土结构设计规范》（GB 50010—2010）（2015 年版）的有关规定，通常情况下，处于二类 b 级环境中的 C35 预制混凝土立柱内，纵向受力钢筋的混凝土保护层厚度为（　　）mm。

A. 25　　　　　　　　　B. 30　　　　　　　　　C. 35　　　　　　　　　D. 40

50. 根据《混凝土结构设计规范》（GB 50010—2010）（2015 年版）的有关规定，通常情况下，处于二类 b 级环境中的 C35 预制混凝土梁内，纵向受力钢筋的混凝土保护层厚度为（　　）mm。

A. 25　　　　　　　　　B. 30　　　　　　　　　C. 35　　　　　　　　　D. 40

51. 箍筋具有满足（　　）抗剪强度，并使钢筋混凝土梁内形成钢筋骨架。

A. 正截面　　　　　　　B. 纵向截面　　　　　　C. 横向截面　　　　　　D. 斜截面

52. 衡量钢筋（　　）的指标包括屈服强度。

A. 抗拉性能　　　　　　B. 塑性　　　　　　　　C. 焊接牢固程度　　　　D. 冷加工性能

53. 混凝土结构的四类环境是指（　　）。

A. 室内正常环境　　　　B. 室内潮湿环境

C. 海水环境　　　　　　D. 受人为和自然的侵蚀性物质影响的环境

54. 混凝土结构的五类环境是指（　　）。

A. 室内正常环境　　　　B. 室内潮湿环境

C. 海水环境　　　　　　D. 受人为或自然的侵蚀性物质影响的环境

55. 机械连接接头连接件的混凝土保护层厚度宜满足纵向受力钢筋最小保护层厚度的要求，（　　）之间的横向净间距不宜小于 25mm。

A. 纵向受力钢筋　　　　B. 连接件　　　　　　　C. 箍筋　　　　　　　　D. 混凝土保护层

56. 基础中受力钢筋的保护层在有垫层时为（　　）mm。

A. 65　　　　　　　　　B. 35　　　　　　　　　C. 25　　　　　　　　　D. 20

57. 绝对标高是把我国青岛附近黄海的平均海平面定为标高的（　　）。

A. 最高点　　　　　　　B. 最低点　　　　　　　C. 零点　　　　　　　　D. 终点

58. 密肋板的构件代号是（　　）。

A. MB　　　　　　　　B. CM　　　　　　　　　C. DB　　　　　　　　D. YB

59. 摩阻型锚、夹具按其构造型式可分为（　　）和锥销式等型式。

A. 锯齿式　　　　　　　B. 压花式　　　　　　　C. 镦头式　　　　　　　D. 波浪式

60. 热处理钢筋是对由中碳钢制成的（　　）钢筋进行淬火和回火的调质热处理所得到的钢筋。

A. 普通低合金钢　　　　B. 碳素钢　　　　　　　C. 冷拉　　　　　　　　D. 热轧

61. 室内潮湿环境属于混凝土结构的（　　）环境。

A. 一类　　　　　　　　B. 二类　　　　　　　　C. 三类　　　　　　　　D. 四类

62. 同一构件中，各预应力筋的应力应均匀，其偏差的（　　）不应超过设计规定值的 ±5%。

A. 最小值　　　　　　　B. 最大值　　　　　　　C. 绝对值　　　　　　　D. 平均值

63. 为提高混凝土构件的抗拉能力，常在构件中（ ）区域内增加一定数量的钢筋。

　　A. 受压　　　　　　　　B. 受拉　　　　　　　　C. 张拉　　　　　　　　D. 向外拉伸

64. 相对标高是以建筑物的首层室内主要使用房间的地面为零点，用（ ）表示。

　　A. +0.000　　　　　　　B. −0.00　　　　　　　　C. ±0.000　　　　　　　D. ±0.00

65. 在钢筋混凝土梁中，箍筋（ ）。

　　A. 半径不宜大于 3mm　　B. 直径不宜大于 4mm　　C. 半径不得小于 5mm　　D. 直径不宜小于 6mm

66. 在碳素钢钢筋中，低碳钢钢筋的含（ ）量小于 0.25%。

　　A. 铁　　　　　　　　　B. 碳　　　　　　　　　C. 硅　　　　　　　　　D. 锰

67. "三懂三会"即懂得本岗位和部门有什么火灾危险性，懂得灭火知识，懂得（ ）。

　　A. 项目管理　　　　　　B. 建筑设计强规　　　　C. 结构计算原理　　　　D. 预防措施

68. 在建工程的楼梯口、电梯口、（ ）、通道口，必须有防护措施。

　　A. 预留洞口　　　　　　B. 门口　　　　　　　　　　　　　　　　　　　D. 任何位置

69. 使用振捣器等手持电动机械和其他电动机械从事湿作业时，要由电工接好电源，安装上漏电保护器，操作者必须穿戴好（ ）、绝缘手套后再进行作业。

　　A. 绝缘鞋　　　　　　　B. 布鞋　　　　　　　　C. 硬底鞋　　　　　　　D. 雨靴

70. 搬迁或移动电气设备必须先（ ）。

　　A. 穿绝缘鞋　　　　　　B. 切断电源　　　　　　C. 找电工　　　　　　　D. 保持安全距离

71. 电线必须（ ），不得在地面、施工楼面随意乱拖，若必须通过地面、楼面时，应有过路保护，物料、车、人不准压踏碾磨电线。

　　A. 预埋　　　　　　　　B. 切断电源　　　　　　C. 架空　　　　　　　　D. 保持安全距离

72. 施工现场必须设置临时消防车道，其宽度不得小于（ ）m。

　　A. 0.5　　　　　　　　　B. 1.5　　　　　　　　　C. 2.5　　　　　　　　　D. 3.5

73. 施工现场消火栓处昼夜要设有明显标志，配备足够的水龙带，周围（ ）m 内不准存放物品。

　　A. 3　　　　　　　　　　B. 2　　　　　　　　　　C. 2.5　　　　　　　　　D. 3.5

74. 氧气瓶、乙炔瓶工作间距不小于（ ）m，两瓶与明火作业距离不小于 10m。

　　A. 5　　　　　　　　　　B. 10　　　　　　　　　　C. 15　　　　　　　　　D. 3.5

75. 氧气瓶、乙炔瓶两瓶与明火作业距离不小于（ ）m。

　　A. 5　　　　　　　　　　B. 10　　　　　　　　　　C. 15　　　　　　　　　D. 3.5

76. 生活区的设置必须符合消防管理规定。严禁使用可燃材料搭设，宿舍内不得（ ）。

　　A. 使用充电设备　　　　B. 吸烟　　　　　　　　C. 卧床吸烟　　　　　　D. 使用明火

77. 宿舍内不得卧床吸烟，房间内住 20 人以上必须设置不少于（ ）处的安全门。

　　A. 1　　　　　　　　　　B. 2　　　　　　　　　　C. 3　　　　　　　　　　D. 4

78. 从事高处作业的人员必须定期进行身体检查，诊断患有（ ）、贫血、高血压、癫痫病、恐高症及其他不适宜高处作业的疾病时，不得从事高处作业。

　　A. 心脏病　　　　　　　B. 糖尿病　　　　　　　C. 咽喉炎　　　　　　　D. 甲沟炎

79. 从事高处作业的人员必须定期进行身体检查，诊断患有心脏病、贫血、（ ）、癫痫病、恐高症及其他不适宜高处作业的疾病时，不得从事高处作业。

　　A. 糖尿病　　　　　　　B. 高血压　　　　　　　C. 咽喉炎　　　　　　　D. 甲沟炎

80. 高度超过 24m 时，凡人员进出的通道口防护棚应设（ ）层。

　　A. 1　　　　　　　　　　B. 2　　　　　　　　　　C. 3　　　　　　　　　　D. 4

81. 脚手架度较小（ ）m 以下时，可采用抛撑。

　　A. 5　　　　　　　　　　B. 10　　　　　　　　　　C. 15　　　　　　　　　D. 20

82. 施工作业层的脚手板要满铺、牢固，离墙间隙不大于（　　）cm。

A. 15　　　　　　　　B. 20　　　　　　　　C. 30　　　　　　　　D. 40

83. 施工作业层的脚手架外侧四周设（　　）m 高的防护栏杆。

A. 1.2　　　　　　　B. 1.5　　　　　　　C. 1.8　　　　　　　D. 2

84. 脚手架拆除时，架体若有松动或危险的部位，应予（　　）。

A. 按正常顺序拆除　　　　　　　　　　B. 最后拆除

C. 先直接拆除　　　　　　　　　　　　D. 先行加固，再进行拆除

85. 拆下来的杆件、脚手板、安全网等（　　）。

A. 安排照应人员后可以采用抛掷　　　　B. 严禁从高处向下抛掷

C. 可以从高处向下抛掷　　　　　　　　D. 肯定下方无人可以抛掷

86. 拆除顺序应遵循"（　　），一步一清"的原则。

A. 自上而下，后装的构件先拆，先装的后拆

B. 自下而上，后装的构件先拆，先装的后拆

C. 方便的先拆　　　　　　　　　　　　D. 踏步式拆除

87. 施工单位（　　）在尚未竣工的建筑物内设置员工集体宿舍。

A. 可以　　　　　　　　　　　　　　　B. 不得

C. 取得甲方允许后可以　　　　　　　　D. 取得主管部门允许后可以

88. 用人单位（　　）缴纳工伤保险费。职工个人不缴纳工伤保险费。

A. 可以　　　　　　　B. 可以不必　　　　　C. 应当按时　　　　　D. 选择性

89. 职工发生工伤，经治疗伤情相对稳定后存在残疾、影响劳动能力的，应当进行（　　）。

A. 重新上岗培训　　　　B. 解约　　　　　C. 缴纳工伤保险　　　D. 劳动能力鉴定

90. 根据《中华人民共和国安全生产法》的规定，生产单位的从业人员发现直接危及人身安全的紧急情况时，（　　）。

A. 不得停止作业，应待情况核实后再做处理　　B. 应继续作业，并采取应急措施

C. 有权停止作业

D. 需向上级负责人立即汇报，经许可后才能停止作业

91. 根据《中华人民共和国安全生产法》的规定，生产经营单位必须依法参加（　　），为从业人员缴纳保险费。

A. 互助基金保险　　　B. 工伤社会保险　　　C. 人寿保险　　　　D. 财产保险

92. 根据《中华人民共和国安全生产法》的有关规定，如果钢筋工发现事故隐患时，正确的处理方式是（　　）。

A. 不告诉任何人，自己知道就行了

B. 立即告诉与自己要好的同伴，一同远离隐患地点

C. 立即向现场安全生产管理人员报告　　　D. 等安全员进行巡查时再报告

93. 根据《中华人民共和国建筑法》的规定，建筑施工企业必须为（　　）办理意外伤害保险、支付保险费。

A. 年龄较大的在职职工　　　　　　　　B. 全体职工

C. 企业的管理人员　　　　　　　　　　D. 从事危险作业职工

94. 根据《中华人民共和国劳动法》的规定，国家对女职工和未成年工实行特殊劳动保护。其中，未成年工是指（　　）的劳动者。

A. 年满十八周岁未满二十周岁　　　　　B. 未满二十周岁

C. 年满十六周岁未满十八周岁　　　　　D. 未满十七周岁

95. 根据《中华人民共和国劳动法》的规定，国家实行劳动者每日工作时间不超过八小时，平均每周工作时间不超过（　　）的工时制度。

A. 三十小时　　　　　B. 三十六小时　　　　　C. 四十四小时　　　　　D. 四十八小时

96. 根据《中华人民共和国劳动法》的规定，劳动合同可以约定试用期。试用期最长不得超过（　　）。

A. 六个月　　　　　　B. 一年　　　　　　　　C. 十个月　　　　　　　D. 45 日

97. 根据《中华人民共和国劳动法》的规定，劳动合同应当以书面的形式订立，以下属于劳动合同必备条款的是（　　）。

A. 最低工作量　　　　　　　　　　　　　　B. 劳动纪律

C. 劳动工具种类　　　　　　　　　　　　　D. 劳动工资延期支付最长时间

98. 根据《中华人民共和国劳动法》的规定，用人单位应当保证劳动者（　　）。

A. 每周休息半天　　　　　　　　　　　　　B. 每月休息两日

C. 每周至少休息一日　　　　　　　　　　　D. 每月至少休息一日

99. 根据《中华人民共和国劳动法》的规定，用人单位由于生产经营需要，经与工会和劳动者协商后可以延长工作时间，一般（　　）。

A. 每日不得超过一小时　　　　　　　　　　B. 每周累计最长为十五小时

C. 每日不得超过四小时　　　　　　　　　　D. 每周累计不得超过十小时

1.1.3　专业技能习题库

1.1.3.1　判断题（请在括号内填入答案，对的填 A，错的填 B）

1.（　　）目前普通混凝土结构用的钢筋可分为热轧钢筋（热轧光圆钢筋和热轧带肋钢筋）和冷轧带肋钢筋两种。

2.（　　）冷拔钢筋凭借塑形变形能力好、强屈比有较大储备，应用最普遍。

3.（　　）衡量钢筋抗拉性能的指标是伸长率。

4.（　　）对按一、二、三级抗震等级设计的框架和斜撑构件（含梯段）中的纵向受力普通钢筋应采用 HRB400E. HRB500E. HRBF400E 或 HRBF500E 钢筋，其抗拉强度实测值与屈服强度实测值的比值不应小于 1.3。

5.（　　）对按一、二、三级抗震等级设计的框架和斜撑构件（含梯段）中的纵向受力普通钢筋应采用 HRB400E、HRB500E、HRBF400E 或 HRBF500E 钢筋，其屈服强度实测值与屈服强度标准值的比值不应大于 1.25;

6.（　　）钢筋的抗拉强度实测值与屈服强度实测值的比值不应小于 1.25，钢筋的屈服强度实测值与屈服强度标准值的比值不应大于 1.30。

7.（　　）纵向受力普通钢筋可采用 HRB400、HRB500、HRBF400、HRBF500、RRB400、HPB300 钢筋。

8.（　　）梁、柱和斜撑构件的纵向受力普通钢筋宜采用 HRB400、HRB500、HRBF400、HRBF500 钢筋。

9.（　　）箍筋宜采用 HRB400、HRBF400、HPB300、HRB500、HRBF500 钢筋。

10.（　　）冷轧带肋钢筋（cold rolled ribbed steel wire and bars，简称 CRB）是热轧圆盘条经冷轧后，在其表面带有沿长度方向均匀分布的三面横肋或两面横肋的钢筋。

11.（　　）HRBF400 级钢筋中 F 是热轧带肋钢筋的缩写后面加 "细" 的英文（fine）首位字母，钢筋类别为 "细晶粒热轧钢筋"。

12.（　　）钢材的热处理是指对钢材进行加热、保温、冷却使其内部组织发生变化，获得所需要的组织与性能的一种工艺方法。

13.（　　）钢筋与混凝土这两种材料，其温度膨胀系数基本相同。因此，温度变化时，钢筋与混凝土产生的变形基本相同，不致破坏结构的整体性。

14.（　　）钢筋检验批项目分为主控项目检验和一般项目检验。

15.（　　）钢筋进场时，应按国家现行标准的规定抽取试件做屈服强度、抗拉强度、延伸率、弯曲性能和质量偏差检验，检验结果应符合相应标准的规定。

16.（　　）进口钢筋可不必做机械性能检验。

17.（　　）使用进口钢筋时，发现钢筋出厂质量保证书和相应的技术资料不符，可以拒绝使用。

18.（　　）进口钢筋焊接前必须进行化学成分检验和焊接试验。

19.（　　）钢筋运进施工现场后，必须严格按批分等级、牌号、直径、长度挂牌存放，并注明数量，不得混淆。

20.（　　）钢筋运进施工现场后，必须严格按批进行见证取样送检，合格后方可使用。

21.（　　）钢筋在加工及使用前，必须核对有关试验报告，如不符合要求，应停止使用。

22.（　　）钢筋必须严格分类、分级、分牌号堆放，不合格的钢筋另做标识，分开堆放。

23.（　　）堆放钢筋的场地要干燥，一般要应枕垫搁起，离地面 200mm 以上。非急用钢筋宜放在有棚盖的仓库内。

24.（　　）钢筋应尽量储存在仓库或料棚内，钢筋堆下应有垫木，使钢筋离地小于 200mm。

25.（　　）钢筋进场堆放条件不具备时，应选择地势较高、土质坚实和较为平坦的露天场地存放。

26.（　　）钢筋应平直、无损伤，表面不得有裂纹、油污、颗粒状或片状老锈。

27.（　　）混凝土结构工程中所用的钢筋，都应有出厂质量证明书或试验报告单，每捆（盘）钢筋均应有标牌。

28.（　　）同一厂家、同一牌号、同一规格调直钢筋，质量不大于 60t 为一批；每批见证取 3 件试件。

29.（　　）热轧钢筋在加工过程中发现脆断、焊接性能不良或力学性能显著不正常等现象时，应进行化学成分分析或其他专项检验。

30.（　　）钢筋弯曲试验如有 2 个试件发生宽度达到 0.5mm 的裂纹，应进行复验，应取双倍数量的试件进行复验。

31.（　　）热轧钢筋试验的取样方法：在每批钢筋中取任选两根钢筋，去掉钢筋端头 500mm。

32.（　　）热轧钢筋试样的规程是：拉力试验的试样为：$5d_0+200mm$；冷弯试验试样为 $5d_0+150mm$（d_0—标距部分的钢筋直径）。

33.（　　）对热轧钢筋试验的取样数量：在每批钢筋中取两个试样，一个做拉力试验，另一个做冷弯试验。每批钢筋总计取拉力试样和冷弯试样各一个。

34.（　　）衡量钢筋抗拉性能的指标是屈服强度和抗拉强度。

35.（　　）钢筋工程分项最少可划分为两个检验批。

36.（　　）热轧钢筋应分批验收，在每批钢筋中任选两根钢筋，每根钢筋取两个试样分别进行拉伸和冷弯试验。

37.（　　）钢筋进场（厂）时，应按国家标准的规定抽取试件做力学性能检验，一般只要检查钢筋根数和总长度即可。

38.（　　）施工前应熟悉施工图纸，除提出配筋表外，还应核对加工厂送来的成型钢筋钢号、直径、形状、尺寸、数量是否与料牌相符。

39.（　　）对于配筋较复杂的钢筋混凝土构件，除绘制立面图和断面图外，还要画大样图，以便下料加工制作。

40.（　　）钢筋下料长度应为各段外包尺寸之和减去各弯曲处的量度差值，再加上端部弯钩的增加值。

41.（　　）两个斜弯钩的闭式箍筋下料取值应为：L＝箍筋外包尺寸之和＋两个斜弯钩增加值－3个直角度量差值。

42.（　　）60°弯起钢筋斜段长度为2倍弯起钢筋弯起的垂直高度。

43.（　　）弯起钢筋下料长度等于直段长度加上斜段长度，减去弯曲调整值。

44.（　　）受拉的HPB300级钢筋末端一般设180°弯勾，180°弯勾增加值为8.25d（d为钢筋的直径）。

45.（　　）钢筋下料长度的计算统一公式：下料长度＝钢筋外包尺寸之和＋弯钩增加值－量度差值。

46.（　　）梁的钢筋代换时，其受力钢筋与弯起钢筋可进行同时代换，不需要分别进行代换。

47.（　　）用几种直径的钢筋代换一种直径的钢筋时，较粗的钢筋应放在构件的内侧。

48.（　　）预制构件的吊环，必须采用未经冷拉的Ⅰ级热轧钢筋，严禁以其他钢筋代换。

49.（　　）对于吊车梁、桁架等重要构件，不宜用光面钢筋代换螺纹钢筋，以免裂纹开展。

50.（　　）有抗震要求的框架，不宜以强度等级较高的钢筋代替原设计中的钢筋。

51.（　　）对于吊车梁、薄腹梁等重要构件，不宜用光面钢筋代换变形钢筋，以免裂缝开展。

52.（　　）用高强度钢筋代换低强度钢筋时，对最小配筋没有要求。

53.（　　）钢筋的除锈，一般可通过以下两个途径：一是在钢筋冷拉或钢丝调直过程中除锈，对大量钢筋的除锈较为经济省力；二是用机械方法除锈，如采用电动除锈机除锈，对钢筋的局部除锈较为方便。

54.（　　）电动除锈在除尘过程中发现钢筋表面的氧化铁皮鳞落现象严重并已损伤钢筋截面，或在除锈后钢筋表面有严重的麻坑、斑点伤蚀截面时，应降级使用或剔除不用。

55.（　　）钢筋的除锈方法有钢筋冷拉或钢丝调直过程中除锈、机械方法除锈、手工除锈（用钢丝刷、砂盘）、喷砂和酸洗除锈等。

56.（　　）钢筋除锈是为了保证钢筋与混凝土的黏结力。

57.（　　）带有颗粒状或片状老锈后的留有麻点的钢筋，可以按原规格使用。

58.（　　）钢筋调直的机具设备主要有钢筋调直机、数控钢筋调直切断机和卷扬机拉直等。

59.（　　）钢筋调直机的调直模内径应比所调钢筋的直径大2～4mm。

60.（　　）数控钢筋调直切断机是在原有调直机的基础上应用电子控制仪，准确控制钢丝断料长度，实现自动断料、自动计数。

61.（　　）钢筋宜采用无延伸功能的机械设备进行调直，也可采用冷拉方法调直。

62.（　　）钢筋断料时应避免用短尺量长料，防止在量料中产生累计误差。

63.（　　）钢筋切断进钢筋的断口，不得有马蹄形或起弯等现象。

64.（　　）数控钢筋弯箍机主要适用于建筑冷轧带肋钢筋、热轧三级钢筋、冷轧光圆钢筋和热轧盘圆钢筋的弯钩和弯箍。

65.（　　）钢筋受弯曲后，在弯曲处的外皮缩短而内皮伸长，只在中心线处才保持不变的尺寸。

66.（　　）钢筋采用人工弯曲，适合各种不同钢筋品种，也适合各种不同场合。

67.（　　）在用钢筋弯曲机弯曲大半径钢筋需使用芯轴时，必须在芯轴上加套筒。

68.（　　）钢筋的加工中，当发现钢筋弯成型后弯曲处产生断裂时，正确有效的处理方法是降低加工场地温度。

69.（　　）根据《混凝土结构工程施工规范》（GB 50666—2011）第5.3.4条的规定，光圆钢筋，其弯弧内直径不应小于钢筋直径的2倍。

70.（　　）根据《混凝土结构工程施工规范》（GB 50666—2011）第5.3.4条的规定，400MPa级带肋钢筋的弯弧内直径不应小于钢筋直径的 5 倍。

71.（　）根据《混凝土结构工程施工规范》（GB 50666—2011）第 5.3.4 条的规定，500MPa 级带肋钢筋，当直径为 28mm 以下时不应小于钢筋直径的 6 倍，当直径为 28mm 及以上时不应小于钢筋直径的 8 倍。

72.（　）钢筋的弯钩形式有三种：半圆弯钩、直弯钩及弯钩。斜弯钩是最常用的一种弯钩。

73.（　）箍筋弯钩的弯折角度，对一般结构，不应小于 90°；对有抗震要求的结构，应为 135°。箍筋弯后的平直的长度，对一般结构，不宜小于箍筋直径的 3 倍；对有抗震要求的结构，不应小于箍筋直径的 5 倍。

74.（　）非框架梁及不考虑地震作用的悬挑梁，箍筋及拉筋弯钩的弯折角度不应小于 90°，弯折后平直段长度不直小于直的 5 倍。

75.（　）对有抗震设防要求的结构构件，箍筋弯钩的弯折角度为 135°，弯折后平直段长度不应小于箍筋直径的 10 倍和 75mm 两者中的较大值。

76.（　）当构件受扭（如果侧面构造纵筋以 "N" 打头表示）时，复合箍筋弯折后的平直段长度为 10 倍箍筋直径，弯钩的弯折角度为 135°。

77.（　）为提高钢筋混凝土板受冲切承载力，应按设计要求配置箍筋和弯起钢筋。

78.（　）箍筋弯后平直部分长度对有抗震等要求的结构，不应小于箍筋直径的 5 倍。

79.（　）弯起钢筋的弯弧内直径，HPB300 级钢筋应为 5d，HRB335 级钢筋为 4d（d 为钢筋直径）。

80.（　）受力钢筋接头位置不宜位于最大弯矩处，并应相互错开。

81.（　）钢筋成品要分工程名称、构件名称、部位、钢筋类型、尺寸、钢号、直径和根数分别堆放，不能将几项工程的钢筋成品混放在一起，同时注意避免造成钢筋污染和腐蚀的环境。

82.（　）钢筋弯钩与弯折弯弧内直径，HPB300 级钢筋不应小于 5d，HRB335 级钢筋为 4d（d 为钢筋直径）。

83.（　）伸入梁支座范围内的纵向受力钢筋，当梁宽为 150mm 及以上时，不应少于两根。

84.（　）分布钢筋应配置在受力钢筋弯折处及直线段内，在梁的截面范围内可不配置。

85.（　）混凝土构件详图是钢筋加工和绑扎的依据。

86.（　）钢筋的摆放，受力钢筋放在下面时，弯角应向下 45°。

87.（　）负弯矩钢筋，可间隔一个绑扎。

88.（　）因为梁的弯矩跨中大，因此梁的箍筋配置也是跨中密而两端疏。

89.（　）当梁的截面高度超过 700mm 时，在梁的两侧面沿高度每隔 300 ～ 400mm，应设置一根直径不小于 10mm 的纵向构造钢筋。

90.（　）当梁的腹板高度 h_w ≥ 450mm 时，在梁的两个侧面应沿高度配置纵向构造钢筋，其间距 a 不宜大于 200mm。

91.（　）钢筋混凝土的钢筋主要在受压区工作，而混凝土则在受拉区工作。

92.（　）为提高钢筋混凝土板受冲切承载力，应按设计要求配置箍筋或弯起钢筋。

93.（　）在采用绑扎骨架的钢筋混凝土梁中，承受剪力的钢筋，弯起钢筋应采用浮筋。

94.（　）现浇板采用绑扎钢筋作配筋时，当板厚 h ≤ 150mm 时，受力钢筋的间距不应大于 300mm。

95.（　）柱子纵向受力钢筋直径不宜小于 12mm，全部纵向钢筋配筋率不宜超过 5%。

96.（　）构造柱纵向受力钢筋可在同一截面上连接。

97.（　）对钢筋混凝土柱，若其各边纵向钢筋多于 3 根，就必须设置箍筋。

98.（　）当梁高小于 150mm 时，不论有无集中荷载，其沿梁全长都可不设箍梁。

99.（　）在钢筋混凝土梁中，箍筋直径不宜小于 6mm。

100.（　　）对于抗震结构，箍筋弯后平直部分的长度不宜小于箍筋直径的 10 倍且不小于 75mm。

101.（　　）钢筋混凝土板内的上部负筋，是为了避免板受力后在支座上部出现裂缝而设置的受拉钢筋。

102.（　　）钢筋接头末端至钢筋弯起点距离不应小于钢筋直径的 10 倍。

103.（　　）弯起钢筋弯起段用来承受弯矩和剪力产生的主拉应力。弯起钢筋的弯起角度：当梁高 $h \leqslant 800mm$ 时，采用 450；当 $h > 800mm$ 时，采用 600。

104.（　　）截面高度大于 800mm 的梁，其箍筋直径不宜小于 8mm。

105.（　　）钢筋连接方式，可分为绑扎连接、焊接、机械连接等。

106.（　　）由于钢筋通过连接接头传力的性能总不如整根钢筋，因此设置钢筋连接原则为 [《混凝土结构设计规范》（GB 50010—2010）（2015 年版）第 8.4.1 条]：受力钢筋的连接接头宜设置在受剪力较小处；

107.（　　）在同一根受力钢筋上宜少设接头；在结构的重要构件和关键传力部位，纵向受力钢筋不宜设置连接接头。同一构件中的纵向受力钢筋接头宜相互错开。

108.（　　）直径大于 20mm 以上的钢筋，应优先采用焊接接头或机械连接接头。

109.（　　）HPB300 钢筋单面搭接焊搭接长度大于 $10d$（d 为钢筋直径）。

110.（　　）电渣压力焊应用于柱、墙、烟囱等现浇混凝土结构中竖向受力钢筋的连接；也可以用于梁、板等构件中水平钢筋的连接。

111.（　　）电渣压力焊，焊接时上下的钢筋轴线应尽量一致，其最大的偏移不得超过 $0.1d$（d 为钢筋直径），同时也不得大于 3mm。

112.（　　）在工程开工或每批钢筋正式焊接前，应进行现场条件下的焊接性能试验，合格后方可正式生产。

113.（　　）机械连接方法有钢筋套筒挤压连接、钢筋锥螺纹套筒连接和钢筋直螺纹套筒连接三大类。

114.（　　）当受力钢筋采用机械连接接头或焊接接头时，设置在同一构件内的接头宜相互错开。

115.（　　）钢筋闪光对焊是将两根钢筋安放成对接形式，利用焊接电流通过两根钢筋接触点产生的电阻热，使接触点金属熔化，产生强烈飞溅，形成闪光，迅速施加顶锻力完成的一种压焊方法。

116.（　　）钢筋闪光对焊的焊接工艺可分为连续闪光焊、预热闪光焊和闪光预热闪光焊等，根据钢筋品种、直径、焊机功率、施焊部位等因素选用。

117.（　　）同一施工条件下采用同一批材料的同等级别、同规格机械连接接头，以 1000 个为 1 个验收批。

118.（　　）采用搭接焊时，焊接端钢筋应预弯，并应使两钢筋的轴线在一直线上。

119.（　　）电渣压力焊的工艺过程包括引弧、电弧、电渣和顶压过程。

120.（　　）焊接制品钢筋表面烧伤，已检查出是钢筋和电极接触面太脏，处理办法是清刷电极与钢筋表面铁锈和油污。

121.（　　）同一连接区段内，纵向受拉钢筋搭接接头面积百分率应符合设计要求；当设计无具体要求时，对梁、板类及墙类构件，不宜大于 50%。

122.（　　）绑扎接头在搭接长度区内，搭接受力筋占总受力钢筋的截面积不得超过 25%，受压区内不得超过 50%。

123.（　　）钢筋镦粗直螺纹套筒连接是先将钢筋端头镦粗，再切削成直螺纹，然后用带直螺纹的套筒将钢筋两端拧紧的钢筋连接方法。

124.（　　）钢筋对焊的质量检查，每批检查 10% 接头，并不得少于 10 个。

125.（　　）对焊接头做拉伸试验时，三个试件的抗拉强度均不得低于该级别钢筋的规定抗拉强度值。

126.（　　）钢筋对焊接头弯曲试验指标是：HPB300 级钢筋，其弯心直径为 2d（d 为钢筋直径），弯曲角度 90° 时不出现断裂，在接头外侧不出现宽度大于 0.5mm 的裂纹为合格。

127.（　　）钢筋焊接头接头，焊接制品的机械性能必须符合钢筋焊接及验收的专门规定。其检验方法是：检查焊接试件试验报告。

128.（　　）受力钢筋的焊接接头，在构件的受拉区不宜大于 50%。

129.（　　）粗直径钢筋的对焊采用闪光 - 预热 - 闪光焊工艺。

130.（　　）焊接时零件熔接不好，焊不牢并有粘点现象，其原因可能是电流太小，需要改变接触组插头位置、调整电压。

131.（　　）连续闪光焊适用于连接钢筋直径小、级别低的条件下。

132.（　　）闪光 - 预热 - 闪光焊适用于钢筋直径较大且端面不够平整的情况。

133.（　　）电渣压力焊使用的焊剂回收重复使用时，应除去杂物，如果受潮，不需烘焙。

134.（　　）采用气压焊工艺时，钢筋下料长度必须多出钢筋直径的 0.6 ～ 6 倍。

135.（　　）钢筋焊接接头，焊接制品的机械性能必须符合钢筋焊接及验收的专门规定。其检验方法是：检查焊接试件试验报告。

136.（　　）位于同一连接区段内纵向受拉钢筋的焊接接头面积百分比不应大于 50%。

137.（　　）在用电弧焊连接钢筋时，焊缝长度的允许偏差为 1mm。

138.（　　）直径为 20mm 的 I 级钢筋采用单面帮条焊时，帮条长度应 ≥ 60mm。

139.（　　）根据建筑工程中钢筋工程的检验评定标准，钢筋网片的开焊、漏焊点数不超过焊点总数的 10% 且不应集中；板伸入支座范围内的焊点无漏焊、开焊为合格。

140.（　　）柱钢筋的绑扎应在模板安装后进行。

141.（　　）柱钢筋的绑扎应在柱模板安装前进行。

142.（　　）钢筋绑扎时，在板、次梁与主梁交接处，钢筋放置顺序为板的钢筋在上，次梁钢筋居中，主梁钢筋在下。

143.（　　）箍筋的接头（弯钩叠合处）应交错布置在四角纵向钢筋上；绑扎箍筋时绑扣相互间成梅花形。

144.（　　）连续梁、板的上部钢筋接头位置宜设置在梁端 1/3 跨度范围内，下部钢筋接头位置宜设置在跨中 1/3 跨度范围内。

145.（　　）钢筋绑扎用的铁丝，可采用 20 ～ 22 号铁丝，其中 22 号铁丝只用于绑扎直径 18mm 以下的钢筋。

146.（　　）纵向受力钢筋采用双层排列时，两排钢筋之间应垫以直径 ≥ 18mm 的短钢筋，以保持其设计距离。

147.（　　）在绑扎接头的搭接长度范围内，应采用铁丝至少绑扎 4 点。

148.（　　）绑扎双层钢筋时，先绑扎立模板一侧的钢筋。

149.（　　）预埋件的锚固筋必须位于构件主筋的内侧。

150.（　　）现浇楼板负弯矩钢筋要每个扣绑扎。

151.（　　）钢筋网的绑扎四周 3 行钢筋交叉点应每点扎牢，中间部分交叉点可相隔交错扎牢，但必须保证受力钢筋不位移，双向主筋的钢筋网，则须将全部钢筋相交点扎牢。

152.（　　）钢筋骨架的吊点，应根据其尺寸、质量及刚度而定。宽度大于 1m 的水平钢筋网宜采用 3 点起吊。

153.（　　）用砂浆做垫块时，垫块应绑在竖筋外皮上。

154.（　　）在钢筋混凝土构件中，当混凝土强度等级 ≥ C30，受拉钢筋为 III 级钢筋时的绑扎最小搭接长度应为 25 倍的钢筋直径。

155.（　　）处于三 a 类环境中的 C50 预制混凝土墙体内，纵向受力钢筋的混凝土保护层厚度为 30mm。

156.（　　）根据《混凝土结构工程施工质量验收规范》（GB 50204—2015）的规定，在 C30～C35 混凝土中，当 HRB335 级带肋纵向受拉钢筋的绑扎搭接接头面积百分率大于 25%，但不大于 50% 时，其最小搭接长度为 25 倍钢筋直径。

157.（　　）根据《混凝土结构工程施工质量验收规范》（GB 50204—2015）的规定，在 C30～C35 混凝土中，当 HRB335 级带肋纵向受拉钢筋的绑扎搭接接头面积百分率大于 50% 时，其最小搭接长度为 25×1.35 倍钢筋直径。

158.（　　）根据《混凝土结构工程施工质量验收规范》（GB 50204—2015）的规定，在 C30～C35 混凝土中，当 HRB400、RRB400 级纵向带肋受拉钢筋采用环氧树脂涂层的带肋钢筋，且绑扎搭接接头面积百分率大于 50% 时，其最小搭接长度为 25×1.35 倍钢筋直径。

159.（　　）根据 16G101-1 图集的有关规定，通常情况下，处于三 a 环境中的 C50 混凝土梁内，纵向受力钢筋的混凝土保护层厚度为 40mm。

160.（　　）钢筋保护层的作用是防止钢筋生锈，保证钢筋与混凝土之间有足够的黏结力。

161.（　　）预埋件的锚固筋应设在保护层内。

162.（　　）板上部钢筋可作为脚手架使用。

163.（　　）对于双向双层钢筋，为确保筋体位置准确，要垫钢筋凳。

164.（　　）柱基、梁柱交接处，箍筋间距应按设计要求加密。

165.（　　）楼板钢筋绑扎，应先摆分布筋，后摆受力筋。

166.（　　）在整体浇捣混凝土过程中应有钢筋工现场配合，及时纠正和修理移动位置的钢筋。

167.（　　）钢筋网绑扎安装时，绑扎钢筋网长、宽度的允许偏差为 ±10mm。

168.（　　）配置双层钢筋时，底层钢筋弯钩应向下或向右，顶层钢筋则向上或向左。

169.（　　）钢筋组装完毕后，应立即进行"三检"。

170.（　　）夜间禁止钢筋工程的施工。

171.（　　）植筋施工过程：钻孔→清孔→填胶黏剂→植筋→凝胶。

172.（　　）凝胶的化学反应时间一般为 10min，固化时间一般为 1h。

173.（　　）钢筋安装时，受力钢筋的品种、级别、规格和数量必须符合设计要求。

174.（　　）绑扎钢筋网的长、宽允许偏差值为 ±5mm。

175.（　　）绑扎钢筋网眼尺寸允许偏差值为 ±10mm。

176.（　　）绑扎钢筋骨架的宽、高允许偏差值为 ±10mm。

177.（　　）绑扎钢筋骨架的长度允许偏差值为 ±10 mm。

178.（　　）柱、梁受力钢筋保护层厚度允许偏差值为 ±10mm。

179.（　　）绑扎箍筋、横向钢筋间距允许偏差值为 ±20mm。

180.（　　）现浇框架的箍筋间距允许偏差为 ±20mm。

181.（　　）钢筋安装时，受力钢筋间距的允许偏差为 ±20mm。

182.（　　）钢筋安装时，钢筋弯起点位移的允许偏差为 30mm。

183.（　　）绑扎独立柱时，箍筋间距的允许偏差为 ±20mm，其检查方法是用尺量一档，来判断是否合格。

184.（　　）纵向受力钢筋排距允许偏差值为 ±5mm。

1.1.3.2　选择题

1. 在作钢筋混凝土构件的投影图时，为了表现构件中钢筋的配置情况，假想混凝土为透明体，图内不画材料图例，构件外轮廓线用细实线画出，钢筋用（　　　）画出。

A. 波浪线　　　　　　B. 粗实线　　　　　　C. 细实线　　　　　　D. 折断线

2. （　　）元素是影响钢筋可焊性的重要元素。

A. 碳　　　　　　　　B. 锰　　　　　　　　C. 硅　　　　　　　　D. 铁

3. 当含（　　）量增加时，钢筋的强度、硬度和脆性随之增加。

A. 碳　　　　　　　　B. 硅　　　　　　　　C. 锰　　　　　　　　D. 硫

4. 进口钢筋冷拉后的质量应符合国产冷拉（　　）钢筋的各项要求，按冷拉钢筋的检查验收方法进行检查验收。

A. Ⅰ级　　　　　　　B. Ⅱ级　　　　　　　C. Ⅲ级　　　　　　　D. Ⅳ级

5. 钢筋进场（厂）时，应按国家标准的规定抽取试件作力学性能检验，一般要检查（　　）、出厂检验报告和进场（厂）复验报告。

A. 总长度　　　　　　B. 钢取样试验方案　　C. 总吨位　　　　　　D. 产品合格证

6. HRB500 级钢筋也叫（　　）。

A. 3 号钢筋　　　　　　　　　　　　　　　B. 25 锰硅钢筋

C. 40 硅 2 锰钒、45 硅锰钒、45 硅 2 锰钛钢筋　　D. 20 锰硅钢筋

7. （　　）钢筋凭借塑形变形能力好、强屈比有较大储备，应用最普遍。

A. 热扎钢筋　　　　　B. 冷扎钢筋　　　　　C. 预应力钢筋　　　　D. 冷拔钢筋

8. 钢筋堆放时，钢筋下面要加垫木，垫木离地不宜少于（　　）mm，以防钢筋锈蚀和污染。

A. 100　　　　　　　　B. 150　　　　　　　　C. 200　　　　　　　　D. 250

9. 对按一、二、三级抗震等级设计的框架和斜撑构件（含梯段）中的纵向受力普通钢筋应采用 HRB400E. HRB500E. HRBF400E 或 HRBF500E 钢筋，其抗拉强度实测值与屈服强度实测值的比值不应小于（　　）。

A. 1.2　　　　　　　　B. 1.25　　　　　　　C. 1.3　　　　　　　　D. 1.4

10. 对按一、二、三级抗震等级设计的框架和斜撑构件（含梯段）中的纵向受力普通钢筋应采用 HRB400E. HRB500E. HRBF400E 或 HRBF500E 钢筋，其屈服强度实测值与屈服强度标准值的比值不应大于（　　）。

A. 1.2　　　　　　　　B. 1.25　　　　　　　C. 1.3　　　　　　　　D. 1.4

11. 对有抗震设防要求的框架结构，其纵向受力钢筋的强度应满足设计要求。当设计无具体要求时，对一、二级抗震等级的建（构）筑物，钢筋的（　　）与强度标准值的比值不应大于 1.3。

A. 屈服强度理论值　　　　　　　　　　　　B. 抗拉强度理论值

C. 屈服强度实测值　　　　　　　　　　　　D. 抗拉强度实测值

12. 对按一、二、三级抗震等级设计的框架和斜撑构件（含梯段）中的纵向受力普通钢筋应采用 HRB400E. HRB500E. HRBF400E 或 HRBF500E 钢筋，其屈服强度实测值与（　　）的比值不应大于 1.3。

A. 抗拉强度标准值　　B. 抗拉强度实测值　　C. 屈服强度标准值　　D. 以上都不是

13. 对按一、二、三级抗震等级设计的框架和斜撑构件（含梯段）中的纵向受力普通钢筋应采用 HRB400E. HRB500E. HRBF400E 或 HRBF500E 钢筋，其最大力总延伸率不应小于 9%（　　）。

A. 1%　　　　　　　　B. 5%　　　　　　　　C. 7%　　　　　　　　D. 9%

14. 同规格、同炉罐（批）号的不超过（　　）t 钢筋为一批，国家标准《钢筋混凝土用钢 第 1 部分：热轧光圆钢筋》（GB 1499.1—2008）和《钢筋混凝土用钢 第 2 部分：热轧带肋钢筋》（GB 1499.2—2007）中规定热轧钢筋每批抽取 5 个试件，先进行质量偏差检验，再取其中 2 个试件进行拉伸试验检验屈服强度、抗拉强度、伸长率，另取其中 2 个试件进行弯曲性能检验。

A. 30　　　　　　　　B. 40　　　　　　　　C. 50　　　　　　　　D. 60

15. 同一厂家、同一牌号、同一规格调直钢筋，质量不大于（　　）t 为一批；每批见证取 3 件试件。

A. 30　　　　　　　　　B. 40　　　　　　　　　C. 50　　　　　　　　　D. 60

16. 同一厂家、同一牌号、同一规格调直钢筋，质量不大于 30t 为一批；每批见证取 3 件试件。3 个试件先进行质量偏差检验，再取其中（　　）个试件经时效处理后进行力学性能检验。

A. 0　　　　　　　　　B. 1　　　　　　　　　C. 2　　　　　　　　　D. 3

17. 钢筋原材料检验批做质量偏差检验时，试件切口应平滑且与长度方向垂直，且长度不应小于（　　）mm。

A. 200　　　　　　　　B. 500　　　　　　　　C. 300　　　　　　　　D. 100

18. 钢筋原材料检验批做重量偏差时，试件长度和质量的量测精度分别不应低于（　　）mm 和（　　）g。

A. 1，1　　　　　　　　B. 1，2　　　　　　　　C. 2，1　　　　　　　　D. 2，2

19. 钢筋混凝土用余热处理钢筋按进场（厂）批次抽取试样的数量是每批（　　）。

A. 拉伸 2 个、弯曲 2 个　　　　　　　　B. 拉伸 3 个、剪切 1 个

C. 弯曲 4 个、剪切 2 个　　　　　　　　D. 拉伸 5 个、抗压 1 个

20. 热轧钢筋应分批验收，在每批钢筋中任选两根钢筋，每根钢筋取两个试样分别进行（　　）。

A. 拉伸和冷弯试验　　　　　　　　　　B. 冷拉和拉伸试验

C. 冷弯和塑性试验　　　　　　　　　　D. 冷拔和冷弯试验

21. 拉力试验包括（　　）指标。

A. 屈服点、抗拉强度　　　　　　　　　B. 抗拉强度、伸长率

C. 屈服点、抗拉强度、伸长率　　　　　D. 冷拉、冷拔、冷轧、调直

22. 钢筋和混凝土这两种力学性质不同的材料在结构中共同工作的前提是（　　）大致是相同的。

A. 它们各自的强度　　　　　　　　　　B. 它们各自的刚度

C. 它们之间的温度线膨胀系数　　　　　D. 外力的方向

23. 螺纹钢筋的直径是指它的（　　）。

A. 内缘直径　　　　　　　　　　　　　B. 外缘直径

C. 当量直径　　　　　　　　　　　　　D. 当量直径和内线直径

24. 钢筋进场（厂）时必须按批次抽取试样，热轧光圆钢筋试样数量是每批（　　）。

A. 拉伸 1 个、弯曲 2 个　　　　　　　　B. 拉伸 2 个、弯曲 2 个

C. 剪切 1 个、反复弯曲 2 盘　　　　　　D. 剪切 2 个、反复弯曲 1 盘

25. 钢筋和混凝土这两种力学性质不同的材料在结构中能共同工作，其基本前提是（　　）。

A. 它们各自的强度　　　　　　　　　　B. 它们各自的刚度

C. 外力方向　　　　　　　　　　　　　D. 有着近似相同的膨胀系数

26. 冷拔低碳钢丝机械性能检验中拉力试验包括（　　）指标。

A. 屈服点、抗拉强度　　　　　　　　　B. 屈服点、伸长率

C. 抗拉强度、伸长度　　　　　　　　　D. 屈服点、抗拉强度、伸长率

27. 钢筋配料单是根据施工图纸中钢筋的品种、规格、外形尺寸进行编号，同时计算出每一编号钢筋的（　　），并用表格形式表达的单据或表册。

A. 下料长度、绑扎位置　　　　　　　　B. 数量、下料长度

C. 根数、绑扎位置　　　　　　　　　　D. 质量、总长度

28. 已知某钢筋砼梁中的钢筋外包尺寸为 5980mm，钢筋两端弯钩增长值共计 156mm，钢筋中间部位弯折的量度差值为 36mm，则此钢筋下料长度为（　　）。

A. 6172mm　　　　　　　B. 6100mm　　　　　　　C. 5788mm　　　　　　　D. 5864mm

29. 钢筋配料是根据构件配筋图，先绘出各种形状和规格的单根钢筋简图并加以编号，然后分别计算钢筋下料长度和根数，填写（　　），申请加工。

A. 申请单 　　　　　　B. 加工单 　　　　　　C. 配料单 　　　　　　D. 作业单

30. 箍筋下料长度等于直段长度减去（　　），加上弯钩增加长度。

A. 弯曲调整值 　　　　B. 曲线长度 　　　　　C. 混凝土保护层厚度 　D. 箍筋周长

31. 曲线钢筋下料长度等于（　　）加上弯钩增加长度。

A. 钢筋计算长度 　　　B. 曲线长度 　　　　　C. 混凝土保护层厚度 　D. 箍筋周长

32. 当箍筋直径为 8mm 时，对用于抗震结构的箍筋长度调整值，量外包尺寸时为（　　）。

A. 92mm 　　　　　　B. 152mm 　　　　　　C. 172mm 　　　　　　D. 232mm

33. 在钢筋配料计算中，除按设计图纸配筋外，还必须考虑因施工需要而增设的有关附加钢筋，如板和墙结构构件中双层钢筋间的（　　）。

A. 短垫条钢筋 　　　　B. 井字架 　　　　　　C. 斜撑钢筋 　　　　　D. 拉条钢筋

34. 钢筋下料长度计算需算出常用角度的（　　）、弯钩增加长度和斜段长度。

A. 曲线长度 　　　　　B. 箍筋长度 　　　　　C. 弯曲调整值 　　　　D. 直线长度

35. 箍筋下料长度等于直段长度减去弯曲调整值，（　　）弯钩增加长度。

A. 减去 　　　　　　　B. 加上 　　　　　　　C. 乘以 　　　　　　　D. 除以

36. 下列选项中不属于钢筋配料单中内容的是钢筋（　　）。

A. 下料长度 　　　　　B. 截面积 　　　　　　C. 外形尺寸 　　　　　D. 品种

37. 钢筋下料长度计算需算出常用角度的弯曲调整值、（　　）和斜段长度。

A. 曲线长度 　　　　　B. 箍筋长度 　　　　　C. 弯钩增加长度 　　　D. 直线长度

38.（　　）下料长度等于构件长度减去混凝土保护层厚度，加上弯钩增加长度。

A. 直钢筋 　　　　　　B. 受拉钢筋 　　　　　C. 基础筋 　　　　　　D. 受压钢筋

39. 钢筋下料尺寸应该是钢筋的（　　）长度。

A. 外皮之间 　　　　　B. 中心线 　　　　　　C. 里皮之间 　　　　　D. 模板间

40. 钢筋根数 n 可由（　　）式来计算（式中 L 为配筋范围的长度，a 为钢筋间距）。

A. $n = L/a$ 　　　　　B. $n = L/a+1$ 　　　　C. $n = a/L$ 　　　　　D. $n =（a+1）/L$

41. 钢筋等面积代换适用于（　　）。

A. 构件按最小配筋率配筋时 　　　　　　　　　B. 构件按裂缝宽度控制时

C. 小偏心受压构件 　　　　　　　　　　　　　D. 构件钢筋根数较少时

42. 钢筋弯曲时发生脆断，主要原因是（　　）。

A. 弯曲用轴必太小 　　　　　　　　　　　　　B. 钢筋塑性太差，原材料质量不良

C. 弯曲机弯曲速度太快 　　　　　　　　　　　D. 弯曲时挡板太紧

43. 钢筋在加工过程中，若发生（　　），则应对该批钢筋进行化学成分检验。

A. 塑断 　　　　　　　B. 脆断 　　　　　　　C. 弹变 　　　　　　　D. 塑变

44. 直径在（　　）mm 以下的盘条钢筋，在施工现场一般采用机械调直钢筋。

A. 8 　　　　　　　　　B. 10 　　　　　　　　C. 12 　　　　　　　　D. 14

45. HRB400 普通钢筋及预应力筋在最大力下的总伸长率 δ_{gt} 不应小于（　　）%

A. 10 　　　　　　　　B. 7.5 　　　　　　　　C. 5 　　　　　　　　　D. 3.5

46. 用作预应力钢筋的强度标准值保证率应不低于（　　）。

A. 80% 　　　　　　　B. 95% 　　　　　　　　C. 100% 　　　　　　　D. 115%

47. 钢筋冷拉速度不宜过快，一般以（　　）mm/s 为宜。

A. 4 　　　　　　　　　B. 3 　　　　　　　　　C. 0.5～1 　　　　　　D. 6

48. HRB335 级钢筋的最大冷拉率为（　　）%。

A. 10　　　　　　　　B. 5.5　　　　　　　　C. 20　　　　　　　　D. 4.5

49. 钢筋除锈的方法有人工除锈、（　　）和酸洗法除锈等。

A. 机械除锈　　　　　B. 除锈机除锈　　　　C. 喷砂法除锈　　　　D. 冷拉除锈

50. 为了使钢筋和混凝土具有良好的黏结力，可在（　　）钢筋两端做成半圆弯钩。

A. 低合金钢　　　　　B. 螺纹　　　　　　　C. 冷轧　　　　　　　D. 光圆

51. 当设计要求 HRB335 级、HRB400 级钢筋的末端做 135°弯折时，钢筋的弯弧内直径 D（　　）的 4 倍。

A. 不应小于钢筋直径 d 　　　　　　　　　B. 不应大于钢筋直径 d

C. 应小于钢筋弧度 r 　　　　　　　　　　D. 应大于钢筋半径 r

52. 钢筋作不大于 90°的弯折时，弯折处的弯弧内直径 D（　　）的 5 倍。

A. 应小于钢筋半径 r 　　　　　　　　　　B. 应大于钢筋弧度 r

C. 不应小于钢筋直径 d 　　　　　　　　　D. 不应大于钢筋直径 d

53.（　　）弯钩的弯折角度，对于一般结构不应小于 90°，对于有抗震要求的结构应为 135°。

A. 箍筋　　　　　　　B. 受压钢筋　　　　　C. 构造钢筋　　　　　D. 受拉钢筋

54. 对于一般结构，箍筋弯后平直部分的长度（　　）。

A. 不宜小于箍筋直径的 5 倍　　　　　　　　B. 不宜大于箍筋直径的 5 倍

C. 应等于箍筋半径的 3 倍　　　　　　　　　D. 不受限制

55. 用钢筋切断机切断（　　）cm 以内的短料时，不得用手送料。

A. 80　　　　　　　　B. 60　　　　　　　　C. 30　　　　　　　　D. 20

56. 钢筋搭接长度的末端与钢筋弯曲处的距离不得小于钢筋直径的（　　）倍。

A. 20　　　　　　　　B. 15　　　　　　　　C. 10　　　　　　　　D. 5

57. 有抗震要求的柱子钢筋绑扎，箍筋弯钩应弯成（　　）。

A. 180°　　　　　　　B. 135°　　　　　　　C. 90°　　　　　　　D. 45°

58. 当有抗震要求时，双肢箍筋弯钩应采用下面（　　）种形式。

A. 90°/90°　　　　　B. 180°/90°　　　　　C. 135°/135°　　　　D. 180°/180°

59. 当设计要求 HRB400 级钢筋的末端做（　　）弯折时，钢筋的弯弧内直径 D 不应小于钢筋直径 d 的 4 倍。

A. 45°　　　　　　　B. 60°　　　　　　　C. 180°　　　　　　　D. 135°

60. 光圆钢筋做（　　）的弯折时，弯折处的弯弧内直径 D 不应小于钢筋直径 d 的 2.5 倍。

A. 145°　　　　　　　B. 60°　　　　　　　C. 180°　　　　　　　D. 135°

61. HPB300 级钢筋用于受力钢筋时，末端应做（　　）弯钩。

A. 60°　　　　　　　B. 90°　　　　　　　C. 135°　　　　　　　D. 180°

62. 对于有抗震要求的结构，箍筋弯后平直部分的长度（　　）。

A. 不宜小于箍筋直径的 10 倍　　　　　　　B. 不宜大于箍筋直径的 10 倍

C. 应等于箍筋半径的 3 倍　　　　　　　　　D. 不受限制

63. 用于抗震结构的 135°斜弯钩箍筋的弯后平直部分长度为钢筋直径的（　　）倍。

A. 2.5　　　　　　　B. 3　　　　　　　　C. 5　　　　　　　　D. 10

64. 用于一般结构的 90°直弯钩箍筋的弯后平直部分长度为钢筋直径的（　　）倍。

A. 2.5　　　　　　　B. 3　　　　　　　　C. 5　　　　　　　　D. 10

65.（　　）弯起钢筋斜段长度为 1.155 倍弯起钢筋斜段水平投影长度。

A. 30°　　　　　　　B. 60°　　　　　　　C. 90°　　　　　　　D. 135°

66.（ ）弯起钢筋斜段长度为 1.414 倍弯起钢筋弯起的垂直高度。

A. 30° B. 45° C. 90° D. 135°

67.（ ）弯起钢筋斜段长度为 2 倍弯起钢筋斜段水平投影长度。

A. 30° B. 60° C. 90° D. 135°

68. 根据《混凝土结构工程施工规范》（GB 50666—2011）第 5.3.4 条的规定，光圆钢筋，其弯弧内直径不应小于钢筋直径的（ ）倍

A. 2.5 B. 3 C. 4 D. 6

69. 根据《混凝土结构工程施工规范》（GB 50666—2011）第 5.3.4 条的规定，400MPa 级带肋钢筋的弯弧内直径不应小于钢筋直径的（ ）倍。

A. 2 B. 3 C. 4 D. 6

70. 根据《混凝土结构工程施工规范》（GB 50666—2011）第 5.3.4 条的规定，500MPa 级带肋钢筋，当直径为 28mm 以下时不应小于钢筋直径的（ ）倍，当直径为 28mm 及以上时不应小于钢筋直径的 7 倍。

A. 2 B. 3 C. 4 D. 6

71. HPB300 级钢筋末端应做 180°弯钩，其弯弧内直径不应小于钢筋直径的（ ）倍。

A. 2 B. 2.5 C. 3 D. 4

72. 当设计要求钢筋末端应做 135°时，HRB400 级钢筋的弯弧内直径不应小于钢筋直径的（ ）倍，弯钩的弯后平直部分应符合设计要求。

A. 2 B. 2.5 C. 3 D. 4

73. 钢筋作不大于 90°的弯折时，弯折处的弯弧内直径不应小于钢筋直径的（ ）倍。

A. 2.5 B. 3 C. 4 D. 5

74. 箍筋弯后的平直部分长度，对一般结构，不宜小于箍筋直径的（ ）倍。

A. 5 B. 6 C. 7 D. 10

75. 箍筋弯后的平直部分长度，对有抗震等级要求的结构，不应小于箍筋直径的（ ）倍。

A. 5 B. 6 C. 7 D. 10

76. 箍筋弯钩的弯折角度，对一般结构，不应小于（ ）°。

A. 45 B. 60 C. 90 D. 135

77. 箍筋弯钩的弯折角度，对有抗震等级要求的结构应为（ ）°。

A. 45 B. 60 C. 90 D. 135

78. 受拉的 HPB300 级钢筋末端一般设 180 弯勾，180°弯勾增加值为（ ）d（d 为钢筋直径）。

A. 6.25 B. 8.25 C. 10.25 D. 12.25

79. 对于有抗震要求的结构，箍筋弯钩的弯折角度应为（ ）。

A. 45° B. 60° C. 90° D. 135°

80. 用于抗震结构的 90°直弯钩箍筋的弯后平直部分长度为钢筋直径的（ ）倍。

A. 2.5 B. 3 C. 5 D. 10

81. 冷轧扭钢筋是以（ ）级钢筋为母材，经专用机械加工制作而成的高效钢筋。

A. HPB300 B. HRB335 C. HRB400 D. RRB400

82. 弯起钢筋中间部位弯折处理的弯曲直径，不应小于钢筋直径（ ）倍。

A. 2.5 B. 5 C. 6 D. 10

83. 钢筋的连接方法可分为绑扎连接、（ ）和焊接。

A. 对接 B. 机械连接 C. 帮条连接 D. 气体塔接

84. 粗直径钢筋机械加工中最节省钢筋的是（ ）。

A. 直螺纹连接法 B. 锥螺纹连接法 C. 套筒挤压连接法 D. 无差别

85.（　　）不是钢筋的连接方法。

A. 绑扎搭接 　　　　　　 B. 焊接 　　　　　　 C. 机械连接 　　　　　　 D. 对接

86. 小偏心受拉杆件的纵向受力钢筋不得采用（　　）接头。

A. 闪光对焊 　　　　　 B. 电阻点焊 　　　　　 C. 帮条焊 　　　　　　 D. 绑扎搭接

87. 闪光对焊焊接，钢筋端面不够平整宜采用（　　）焊接方法。

A. 连续闪光焊 　　　　　　　　　　　　 B. 预热闪光焊

C. 闪光 - 预热 - 闪光焊 　　　　　　　 D. 以上三种都可以

88. 焊接封闭箍筋宜采用（　　），也可采用气压焊或单面搭接焊，并宜采用专用设备进行焊接。

A. 电渣压力焊 　　　　　 B. 闪光对焊 　　　　　 C. 埋弧焊 　　　　　　 D. 以上都不是

89. 细晶粒热轧带肋钢筋以及直径大于 28mm 的带肋钢筋，其焊接应经试验确定，（　　）钢筋不宜焊接。

A. 热轧处理 　　　　　 B. 余热处理 　　　　　 C. 冷拔处理 　　　　　　 D. 以上都不是

90. 采用电渣压力焊时出现气孔现象时，有可能为（　　）引起的。

A. 焊剂不干 　　　　　 B. 焊接电流不大 　　　　 C. 焊接电流小 　　　　 D. 顶压力小

91. 钢筋焊接时，熔接不好，焊不牢有粘点现象，其原因是（　　）。

A. 电流过大 　　　　　 B. 电流过小 　　　　　 C. 压力过小 　　　　　 D. 压力过大

92. 闪光对焊电焊机的接地，电阻不得大于（　　）Ω。

A. 20 　　　　　　　 B. 10 　　　　　　　 C. 8 　　　　　　　 D. 4

93. 钢筋对焊接头处的钢筋轴线偏移，不得大于（　　）d（d 为钢筋直径），同时不得大于 1mm。

A. 0.5 　　　　　　　 B. 0.3 　　　　　　　 C. 0.2 　　　　　　　 D. 0.1

94. 电焊接头处的钢筋折弯，不得大于（　　）°，否则切除重焊。

A. 8 　　　　　　　 B. 6 　　　　　　　 C. 4 　　　　　　　 D. 2

95. 对焊接头做拉伸试验时，（　　）个试件的抗拉强度均不得低于该级别钢筋的规定抗拉强度值。

A. 4 　　　　　　　 B. 3 　　　　　　　 C. 2 　　　　　　　 D. 1

96. 电渣压力焊接头处钢筋轴线偏移不得大于（　　）。

A. 0.1d 且不大于 2mm 　　　　　　　 B. 0.2d 且不大于 2mm

C. 3mm 　　　　　　　　　　　　　　 D. 1mm

97. 在对焊条件下，碳当量为（　　）时，可焊性好。

A. 大于 0.7% 　　　 B. 0.5% ～ 0.7% 　　　 C. 小于 0.7% 　　　 D. 小于 0.5%

98. 在闪光对焊时产生烧化过分剧烈并有强烈的爆炸声时，应采取的措施为（　　）。

A. 降低变压器级数，减慢烧化速度 　　　　 B. 加快烧化速度

C. 提高变压器系数 　　　　　　　　　　　 D. 增大顶锻压力

99. 绑条焊焊缝宽度不应小于主筋直径的（　　）倍。

A. 0.5 　　　　　　　 B. 0.6 　　　　　　　 C. 0.7 　　　　　　　 D. 1

100. 帮条焊焊缝厚度不应在小于所接主筋直径的（　　）倍。

A. 0.3 　　　　　　　 B. 0.5 　　　　　　　 C. 0.7 　　　　　　　 D. 0.8

101. E55 系列焊条适用于焊接（　　）级钢筋。

A. HPB235 　　　　 B. HRB335 　　　　 C. HRB400 　　　　 D. HBRB500

102. HPB300 钢筋单面搭接焊搭接长度大于（　　）。

A. 8d 　　　　　　　 B. 10d 　　　　　　　 C. 5d 　　　　　　　 D. 4d

103. 帮条焊或搭接焊的焊缝长度 h 不应小于主筋直径的 0.3 倍，焊缝宽度 b 不应小于主筋直径的（　　）倍。

A. 0.5 　　　　　　　 B. 0.7 　　　　　　　 C. 0.9 　　　　　　　 D. 1

104. 帮条焊接接头或搭接焊接头的焊缝有效厚度 S 不应小于主筋直径的 30% ；焊缝宽度 b 不应小于主筋直径的（　　）%。

A. 80　　　　　　　　B. 70　　　　　　　　C.90　　　　　　　　D. 100

105. 电渣压力焊接头四周焊包凸出钢筋表面的高度应大于或等于（　　）mm。

A. 3　　　　　　　　B. 4　　　　　　　　C. 5　　　　　　　　D. 6

106. 闪光对焊在同一台班内，由同一焊工完成的（　　）个同级别、同直径钢筋焊接接头，应作为一个检验批。

A. 200　　　　　　　B. 300　　　　　　　C. 400　　　　　　　D. 500

107. 在同一台班内，由同一焊工按同一焊接参数完成的（　　）个同类型接头作为一批。

A. 100　　　　　　　B. 200　　　　　　　C. 300　　　　　　　D. 400

108. 挤压接头拉伸试验以（　　）个 / 组同一施工条件，采用同一批材料的同等、同型式、同规格接头。

A. 400　　　　　　　B. 300　　　　　　　C. 500　　　　　　　D. 600

109. 套筒挤压连接接头，拉伸试验以（　　）个为一批。

A. 400　　　　　　　B. 600　　　　　　　C. 500　　　　　　　D. 300

110. 同一施工条件下采用同一批材料的同等级别、同规格机械连接接头，以（　　）个为 1 个验收批。

A. 300　　　　　　　B. 400　　　　　　　C. 500　　　　　　　D. 1000

111. 电渣压力焊接头处的弯折角不得大于（　　）°；接头处的轴线偏移不得大于（　　）mm。

A. 2、1　　　　　　 B. 2、2　　　　　　 C. 4、1　　　　　　 D. 4、2

112. HRB335 级钢筋采用帮条双面焊时，钢筋搭接长度不得小于（　　）d。

A. 8　　　　　　　　B. 10　　　　　　　　C. 4　　　　　　　　D. 5

113. 钢筋绑扎搭接接头的末端与钢筋弯起点的距离，不得小于钢筋直径的（　　）倍，接头设在构件受力较小处。

A. 8　　　　　　　　B. 10　　　　　　　　C. 4　　　　　　　　D. 5

114. 在任何情况下，受接钢筋搭接长度不应小于（　　）mm，受压钢筋搭接长度不应小于（　　）mm。

A. 300、200　　　　 B. 200、300　　　　 C. 200、200　　　　 D. 300、300

115. 钢筋对焊接头处的钢筋轴线偏移，不得大于（　　）d（d 为钢筋直径），同时不得大于 2mm。

A. 0.5　　　　　　　B. 0.3　　　　　　　C. 0.2　　　　　　　D. 0.1

116. 钢筋焊接接头外观检查数量应符合如下要求（　　）。

A. 每批检查 10%，并不少于 10 个　　　　　　B. 每批检查 10%，并不少于 20 个

C. 每批检查 15%，并不少于 15 个　　　　　　D. 每批检查 15%，并不少于 20 个

117. 电渣压力焊接头处钢筋轴线的偏移不得超过 0.1 倍钢筋直径，同时不得大于（　　）mm。

A. 4　　　　　　　　B. 3　　　　　　　　C. 2　　　　　　　　D. 1

118. 用于电渣压力焊的焊剂使用前，需经恒温烘焙（　　）h。

A. 6　　　　　　　　B. 24　　　　　　　　C. 1 ～ 2　　　　　　D. 12

119. 对焊接头做拉伸试验时，（　　）个试件的抗拉强度均不得低于该级钢筋的规定抗拉强度值。

A. 4　　　　　　　　B. 3　　　　　　　　C. 2　　　　　　　　D. 1

120. 电渣压力焊接头合格的要求有（　　）。

A. 接头处弯折不大于 2°，钢筋轴线位移不大于 0.5d 且不大于 3mm

B. 接头处弯折不大于 2°，钢筋轴线位移不大于 0.1d 且不大于 2mm

C. 接头处弯折不大于 2°，钢筋轴线位移不大于 1mm

D. 接头处弯折不大于 2°即可

121.（　　）构件的纵向受力钢筋不得采用绑扎搭接接头。

A. 立柱　　　　　　　B. 基础　　　　　　　C. 轴心受拉　　　　　D. 板

122.（　　）构件位于同一连接区段内的受拉钢筋搭接接头面积百分比不宜大于 25%。

A. 柱类　　　　　　　B. 基础　　　　　　　C. 梁类　　　　　　　D. 墩类

123. 柱类构件位于同一连接区段内的（　　）搭接接头面积百分比不宜大于 50%。

A. 箍筋　　　　　　　B. 受压钢筋　　　　　C. 构造钢筋　　　　　D. 受拉钢筋

124. 直接承受动力荷载的结构构件中，机械连接接头应满足设计要求的抗疲劳性能，位于同一连接区段内纵向受力钢筋接头面积百分比不应大于（　　）。

A. 50%　　　　　　　B. 60%　　　　　　　C. 70%　　　　　　　D. 80%

125. 位于同一连接区段内纵向受压钢筋的焊接接头面积百分比（　　）。

A. 不应大于 50%　　B. 不应小于 50%　　C. 不宜大于 30%　　D. 不受限制

126. 在受力较大处设置机械连接接头，位于同一连接区段内纵向受拉钢筋接头面积百分比（　　）。

A. 应大于 25%　　　B. 不宜小于 30%　　C. 不宜大于 50%　　D. 不受限制

127. 接头不宜设置在有抗震设防要求的框架梁端、柱端的箍筋加密区；当无法避开时，对等强度高质量（　　）接头，不应大于 50%。

A. 绑扎连接　　　　　B. 焊接连接　　　　　C. 机械连接　　　　　D. 以上都不是

128. 直接承受动力荷载的结构构件中，不宜采用（　　）接头；当采用机械连接接头时，不应大于 50%。

A. 绑扎连接　　　　　B. 焊接连接　　　　　C. 机械连接　　　　　D. 以上都不是

129. 在受力较大处设置机械连接接头，位于同一连接区段内（　　）接头面积百分比不宜大于 50%。

A. 箍筋　　　　　　　B. 纵向受压钢筋　　　C. 构造钢筋　　　　　D. 纵向受拉钢筋

130. 位于同一连接区段内（　　）的焊接接头面积百分比不应大于 50%。

A. 箍筋　　　　　　　B. 横向受压钢筋　　　C. 构造钢筋　　　　　D. 纵向受拉钢筋

131. 梁类构件位于同一连接区段内的（　　）搭接接头面积百分比不宜大于 25%。

A. 箍筋　　　　　　　B. 受压钢筋　　　　　C. 构造钢筋　　　　　D. 受拉钢筋

132. 同一连接区段内，纵向受拉钢筋搭接接头面积百分率应符合设计要求；当设计无具体要求时，对梁、板类及墙类构件，不宜大于（　　）%。

A. 0　　　　　　　　B. 25　　　　　　　　C. 50　　　　　　　　D. 100

133. 在受力钢筋直径 30 倍范围内（不小于 500mm），1 根钢筋（　　）接头。

A. 只能有 1 个　　　B. 不能多于 2 个　　　C. 不能少于 2 个　　　D. 不能多于 3 个

134. 在纵向受拉钢筋搭接长度范围内应配置箍筋，箍筋间距不应大于搭接钢筋较小直径的（　　）倍，且不应大于 100mm。

A. 8　　　　　　　　B. 7　　　　　　　　C. 6　　　　　　　　D. 5

135. 在纵向受压钢筋搭接长度范围内应配置箍筋，箍筋间距不应大于搭接钢筋较小直径的 10 倍，且不应大于（　　）mm。

A. 350　　　　　　　B. 300　　　　　　　C. 250　　　　　　　D. 200

136. 机械连接接头在同一检验批内，对梁、柱和独立基础，应抽查构件数量的（　　）%，且不少于 3 件。

A. 5　　　　　　　　B. 10　　　　　　　　C. 15　　　　　　　　D. 20

137. 机械连接接头的混凝土保护层厚度宜符合现行国家标准《混凝土结构设计规范》(GB 50010—2010)(2015 年版)中受力钢筋的混凝土保护层最小厚度规定,且不得小于 15mm。接头之间的横向净间距不宜小于( )mm。

A. 15 　　　　　　B. 20 　　　　　　C. 25 　　　　　　D. 以上都不是

138. 同一构件内的接头宜分批错开。各接头的横向净间距 s 不应小于钢筋直径,且不应小于( )mm。

A. 10 　　　　　　B. 20 　　　　　　C. 25 　　　　　　D. 30

139. 钢筋接头宜设置在受力较小处;有抗震设防要求的结构中,梁端、柱端箍筋( )范围内不宜设置钢筋接头,且不应进行钢筋搭接。

A. 加密区 　　　　B. 非加密区 　　　C. 交接区 　　　　D. 以上都不是

140. 同一纵向受力钢筋不宜设置( )接头。接头末端至钢筋弯起点的距离,不应小于钢筋直径的 10 倍。

A. 1 个或 1 个以上　B. 2 个或 2 个以上　C. 3 个或 3 个以上　D. 以上都不是

141. 目前建筑结构设计往往规定钢筋直径( )mm 以上的二、三级热轧钢筋和余热处理带肋钢筋采用筋直螺纹套筒连接。

A. 16 　　　　　　B. 22 　　　　　　C. 25 　　　　　　D. 32

142. 直径大于( )mm 以上的钢筋,应优先采用焊接接头或机械连接接头。

A. 10 　　　　　　B. 12 　　　　　　C. 16 　　　　　　D. 18

143. 当受拉钢筋的直径大于( )mm 及受压钢筋的直径大于 28mm 时,不宜采用绑扎接头。

A. 25 　　　　　　B. 22 　　　　　　C. 20 　　　　　　D. 18

144. 钢筋绑扎搭接接头连接区段的长度为( )l_l(l_l 为搭接长度),凡搭接接头中点位于该连接区段长度内的搭接接头均属于同一连接区段。

A. 1 　　　　　　　B. 1.1 　　　　　　C. 1.2 　　　　　　D. 1.3

145. 钢筋机械连接连接区段的长度为 35d;焊接接头连接区段的长度为 35d(d 为连接钢筋的较小直径),且不小于( )mm。

A. 400 　　　　　　B. 500 　　　　　　C. 600 　　　　　　D. 700

146. 在梁、柱类构件的纵向受力钢筋搭接长度范围内,应按设计要求配置箍筋。当设计无具体要求时,当柱中纵向受力钢筋直径大于 25mm 时,应在搭接接头两个端面外( )mm 范围内各设置两个箍筋,其间距宜为 50mm。

A. 50 　　　　　　B. 100 　　　　　　C. 150 　　　　　　D. 200

147. 根据 16G101 图集的规定,在二级抗震结构中,混凝土为 C40,当 HPB300 级光圆且直径小于 25mm,纵向受拉钢筋的绑扎搭接接头面积百分率不大于 25% 时,其最小搭接长度为( )倍钢筋直径。

A. 35 　　　　　　B. 30 　　　　　　C. 25 　　　　　　D. 45

148. 根据 16G101 图集的规定,在二级抗震结构中,混凝土为 C40,当 HRB335 级带肋且直径小于 25mm,纵向受拉钢筋的绑扎搭接接头面积百分率不大于 25% 时,其最小搭接长度为( )倍钢筋直径。

A. 30 　　　　　　B. 35 　　　　　　C. 45 　　　　　　D. 55

149. 根据 16G101 图集的规定,在二级抗震结构中,混凝土为 C40,当 HRB400、RRB400 级且直径小于 25mm,纵向带肋受拉钢筋的绑扎搭接接头面积百分率不大于 25% 时,其最小搭接长度为( )倍钢筋直径。

A. 30 　　　　　　B. 35 　　　　　　C. 45 　　　　　　D. 55

150.《混凝土结构工程施工质量验收规范》(GB 50204—2011)(2015 年版)也规定:钢筋的接头

宜设置在受力较小处。同一纵向受力钢筋不宜设置两个或两个接头。接头末端至钢筋弯起点的距离不应小于钢筋直径的（　　）倍。

A. 5　　　　　　　　B. 10　　　　　　　　C. 15　　　　　　　　D. 20

151. 在纵向受拉钢筋搭接长度范围内应配置箍筋，箍筋间距不应大于搭接钢筋较小直径的 5 倍，且不应大于（　　）mm。

A. 100　　　　　　　B. 150　　　　　　　C. 200　　　　　　　D. 250

152. 受力钢筋接头位置，不宜位于（　　）。

A. 最小弯矩处　　　　B. 最大弯矩处　　　　C. 中性轴处　　　　D. 截面变化处

153. 受拉搭接区段的箍筋间距不应大于搭接钢筋较小直径的（　　）倍，且不应大于（　　）mm。

A. 5，100　　　　　　B. 10，100　　　　　C. 10，200　　　　　D. 5，200

154. 处于二类 a 级环境中的 C40 预制混凝土板墙内，纵向受力钢筋的混凝土保护层厚度为（　　）mm。

A. 10　　　　　　　　B. 15　　　　　　　　C. 20　　　　　　　　D. 25

155. 混凝土结构的一类环境是指（　　）。

A. 室内干燥环境　　　　　　　　　　　　B. 室内潮湿环境

C. 海水环境　　　　　　　　　　　　　　D. 受人为和自然的侵蚀性物质影响的环境

156. 梁和柱的受力钢筋的保护层厚度在一类环境情况下是（　　）mm。

A. 15　　　　　　　　B. 20　　　　　　　　C. 25　　　　　　　　D. 30

157. 绑扎独立柱时，箍筋间距的允许偏差为 ±20mm，其检查方法是（　　）。

A. 用尺连续量三档，取其最大值　　　　B. 用尺连续量三档，取其平均值

C. 用尺连续量三档，取其最小值　　　　D. 随机量一档，取其数值

158. 当现浇板的受力钢筋与梁的肋部平行时，应沿梁肋方向配置，间距不应大于 200mm 且与梁肋（　　）。

A. 平行　　　　　　　B. 垂直　　　　　　　C. 成 45°　　　　　　D. 以上都不是

159. 在偏心受压柱中，垂直于弯矩作用平面的纵向受力钢筋以及轴心受压柱中各边的纵向受力钢筋，其间距不宜大于（　　）mm。

A. 500　　　　　　　B. 300　　　　　　　C. 800　　　　　　　D. 350

160. 剪力墙结构的加强部位，其水平和竖向分布钢筋的配筋率均不应小于（　　）%。

A. 0.2　　　　　　　B. 0.5　　　　　　　C. 0.02　　　　　　　D. 0.05

161. 当柱子短边不大于（　　）mm，且纵向钢筋不多于 4 根时，可不设置复合箍筋。

A. 400　　　　　　　B. 300　　　　　　　C. 100　　　　　　　D. 50

162. 当柱子短边不大于（　　）mm，且纵向钢筋不多于 4 根时，可不设置箍筋。

A. 200　　　　　　　B. 350　　　　　　　C. 400　　　　　　　D. 450

163. Φ8@200 表示直径为 8mm，（　　）的 HRB335 级钢筋。

A. 钢筋中心距为 200mm　　　　　　　　B. 钢筋间距为 200mm

C. 相邻钢筋中心距为 200mm　　　　　　D. 相邻钢筋间距为 200mm

164. （　　）即钢筋工程施工人员在施工操作前对钢筋施工图进行集体审读。

A. 图纸会审制度　　　B. 岗前审查制度　　　C. "三审"制度　　　D. 图纸设计论证

165. 钢筋混凝土结构中从（　　）的混凝土层叫做混凝土保护层。

A. 钢筋外边缘到构件底端　　　　　　　　B. 最外层钢筋外边缘至最近混凝土表面的距离

C. 钢筋内边缘到构件底端　　　　　　　　D. 构件中心到钢筋内边缘

166. 根据《混凝土结构设计规范》（GB 50010—2010）（2015 年版）的有关规定，通常情况下，处于二类 b 级环境中的 C20 预制混凝土梁内，纵向受力钢筋的混凝土保护层厚度为（　　）mm。

A. 25　　　　　　　　B. 30　　　　　　　　C. 35　　　　　　　　D. 40

167. 采用复合箍筋时，箍筋外围应（　　）。梁类构件复合箍筋内部，宜选用封闭箍筋，奇数肢也可采用单肢箍筋；柱类构件复合箍筋内部可部分采用单肢箍筋。

A. 封闭　　　　　　B. 开口　　　　　　C. 单肢　　　　　　D. 以上都不是

168. 板钢筋配筋为Φ14@150双层双向时，则板起配间距为（　　）mm。

A. 50　　　　　　　B. 75　　　　　　　C. 100　　　　　　D. 150

169. 板钢筋交叉点宜用（　　）方法绑扎。

A. 一面顺扣法　　　B. 十字花扣　　　　C. 十字反扣法　　　D. 兜扣法

170. 钢筋绑扎用的铁丝，可采用 20～22 号铁丝，其中 22 号铁丝只用于绑扎直径（　　）mm 以下的钢筋。

A. 10　　　　　　　B. 12　　　　　　　C. 16　　　　　　　D. 18

171. 在上层钢筋网（板上层受力筋因为承受负弯矩又称负筋）下面应设置钢筋撑脚，俗称铁马凳，用直径 8～10mm 的钢筋下脚料加工而成，对于楼板一般每隔（　　）m 设置一个。

A. 0.5　　　　　　　B. 1　　　　　　　C. 1.5　　　　　　D. 2

172. 在绑扎接头的搭接长度范围内，应采用铁丝至少绑扎（　　）点。

A. 6　　　　　　　　B. 5　　　　　　　C. 4　　　　　　　D. 3

173. 纵向受力钢筋采用双层排列时，两排钢筋之间应垫以直径≥（　　）mm 的短钢筋，以保持其设计距离。

A. 18　　　　　　　B. 20　　　　　　　C. 25　　　　　　　D. 32

174. 钢筋网的绑扎四周（　　）行钢筋交叉点应每点扎牢，中间部分交叉点可相隔交错扎牢，但必须保证受力钢筋不位移，双向主筋的钢筋网，则需将全部钢筋相交点扎牢。

A. 一　　　　　　　B. 二　　　　　　　C. 三　　　　　　　D. 四

175. 焊接网长度不宜超过（　　）m，宽度不宜超过 3.4m。

A. 12　　　　　　　B. 15　　　　　　　C. 20　　　　　　　D. 都不是

176. 钢筋骨架的吊点，应根据其尺寸、质量及刚度而定。宽度大于 1m 的水平钢筋网宜采用（　　）点起吊。

A. 1　　　　　　　　B. 2　　　　　　　C. 3　　　　　　　D. 4

177. 为提高（　　）构件的抗拉能力，常在构件中受拉区域内增加一定数量的钢筋。

A. 钢筋混凝土　　　B. 砖混结构　　　　C. 钢结构　　　　　D. 混凝土

178. 基础中受力钢筋的保护层厚度在有垫层时为（　　）mm。

A. 65　　　　　　　B. 40　　　　　　　C. 25　　　　　　　D. 20

179. 成型钢筋变形的原因是（　　）。

A. 成型是变形　　　B. 堆放不合格　　　C. 地面不平　　　　D. 钢筋质量不好

180. 箍筋的间距不应大于（　　）mm。

A. 200　　　　　　　B. 200～300　　　　C. 400　　　　　　D. 500

181. 当梁中有两片及两片以上的焊接骨架时，应设置（　　），并用点焊或绑扎方法使其与骨架的纵向钢筋连成一体。

A. 横向联系钢筋　　B. 纵向联系钢筋　　C. 架立钢筋　　　　D. 构造钢筋

182. 独立柱基础为双向弯曲，其底面短向的钢筋应放在长向钢筋的（　　）。

A. 下面　　　　　　B. 上面　　　　　　C. 左面　　　　　　D. 右面

183. 钢筋混凝土剪力墙的竖向分布钢筋的间距不应大于（　　）mm，直径不应小于（　　）mm。

A. 400，8　　　　　B. 400，10　　　　C. 300，10　　　　D. 200，10

184. 柱中纵向钢筋用来帮助混凝土承受压力，钢筋直径不宜小于（　　）mm。

A. 14　　　　　　　B. 12　　　　　　　C. 10　　　　　　　D. 8

185. 钢筋的力学性能较好，因此构件的配筋率（　　　）。

A. 越大越好　　　　　　B. 越小载好　　　　　　C. 适量最好　　　　　　D. 没有要求

186. 施工时，预应力筋如需超张拉，对冷拉Ⅱ级钢筋规范规定超张拉值为屈服点的（　　　）%。

A. 80　　　　　　　　　　B. 85　　　　　　　　　　C. 90　　　　　　　　　　D. 95

187. 框架梁、牛腿及柱帽等钢筋，应放在柱的纵向钢筋的（　　　）。

A. 中间　　　　　　　　　B. 内侧　　　　　　　　　C. 外侧　　　　　　　　　D. 任意位置

188. 板中采用绑扎钢筋作配筋时，其受力钢筋的间距；当板厚 $h \leq 150mm$ 时，不宜大于（　　　）。

A. 300mm　　　　　　　　B. 200mm　　　　　　　　C. 100mm　　　　　　　　D. 50mm

189. 当梁中配有计算需要的纵向受压钢筋时，箍筋的间距在绑扎骨架中不应大于（　　　）d。

A. 15　　　　　　　　　　B. 10　　　　　　　　　　C. 5　　　　　　　　　　D. 3

190. 对截面高度大于 800mm 的梁，其箍筋直径不宜小于（　　　）mm。

A. 12　　　　　　　　　　B. 10　　　　　　　　　　C. 8　　　　　　　　　　D. 6

191. 柱纵向受力钢筋直径 d 不宜小于（　　　）mm。

A. 14　　　　　　　　　　B. 12　　　　　　　　　　C. 10　　　　　　　　　　D. 8

192. 当柱中全部纵向受力钢筋的配筋率超过 3% 时，则箍筋直径不宜小于（　　　）mm。

A. 12　　　　　　　　　　B. 10　　　　　　　　　　C. 8　　　　　　　　　　D. 6

193. 钢筋混凝土剪力墙的厚度不宜小于 140mm，对框架剪力墙结构尚不宜小于楼层高度的（　　　）。

A. 1/20　　　　　　　　　B. 1/25　　　　　　　　　C. 1/15　　　　　　　　　D. 1/10

194. 同一构件内的接头宜分批错开。各接头的横向净间距 s 不应小于钢筋直径，且不应小于（　　　）mm。

A. 10　　　　　　　　　　B. 20　　　　　　　　　　C. 25　　　　　　　　　　D. 30

195. 当梁的宽度不大于（　　　）mm，且一层内的纵向受力筋不多于 4 根时，可以不设复合箍筋。

A. 400　　　　　　　　　　B. 500　　　　　　　　　　C. 300　　　　　　　　　　D. 200

196. 当偏心受压柱的截面高度大于或等于（　　　）mm 时，在侧面应设不小于 10mm 的纵轴构造钢筋，并应相应地设置复合箍筋或拉筋。

A. 300　　　　　　　　　　B. 400　　　　　　　　　　C. 500　　　　　　　　　　D. 600

197. 梁的跨度在 4～6m 时，架立钢筋的直径不宜小于（　　　）mm。

A. 6　　　　　　　　　　　B. 8　　　　　　　　　　　C. 10　　　　　　　　　　D. 12

198. 大、中、小型钢筋机电设备要有（　　　）人员专职操作，管理和维修。

A. 班长　　　　　　　　　B. 技术　　　　　　　　　C. 持证上岗　　　　　　　D. 工长指定

199. 质量"三检"制度是指（　　　）。

A. 质量检查、数量检查、规格检查　　　　　　　B. 自检、互检、专项检

C. 自检、互检、交接检　　　　　　　　　　　　D. 自检、互检、专检

200. 钢筋安装完毕后，它的上面（　　　）。

A. 可以放脚手架　　　　　　　　　　　　　　　B. 铺上木板才可以走人

C. 不准上人和堆放重物　　　　　　　　　　　　D. 铺上木板可作行车道

201. 钢筋在加工使用前，必须核对有关试验报告（记录），如不符合要求，应（　　　）。

A. 请示工长　　　　　　B. 酌情使用　　　　　　C. 增加钢筋数量　　　　D. 停止使用

202. 经检查、检验不合格的钢筋，应（　　　）。

A. 请示工长　　　　　　B. 酌情使用　　　　　　C. 不得投入使用　　　　D. 增加钢筋数量

203. 在同一垂直面上遇有钢筋上下交叉作业时，必须设安全隔离层，下方操作人员必须（　　　）。

A. 系安全带　　　　　　B. 戴安全帽　　　　　　C. 穿防护服　　　　　　D. 穿绝缘

204. 浇筑混凝土时，应派钢筋工（　　），以确保钢筋位置准确。

A. 在现场值班　　　　　　　　　　　　　　B. 施工交接

C. 现场交接　　　　　　　　　　　　　　　D. 向混凝土工提出要求

205. （　　）措施不属于钢筋绑扎规定。

A. 检查脚手架是否牢固　　　　　　　　　　B. 不应将钢筋集中堆放在脚手架或模板上

C. 禁止向基坑内抛掷钢筋　　　　　　　　　D. 不准直接在成品钢筋骨架上推小车

206. 在浇筑混凝土之前，应进行（　　）工程验收。

A. 钢筋数量　　　　　　B. 钢筋隐蔽　　　　　　C. 钢筋规格　　　　　　D. 钢筋位置

207. "钢筋检验批"的质量应由监理工程师（建设单位项目专业技术负责人）组织（　　）等进行验收。

A. 项目专业质量检查员　　　　　　　　　　B. 项目经理

C. 安全员　　　　　　　　　　　　　　　　D. 业主代表

208. 钢筋分项工程的质量验收应由监理工程师组织施工单位（　　）等进行验收。

A. 项目经理　　　　　　　　　　　　　　　B. 项目专业质量检查员

C. 项目专业技术负责人　　　　　　　　　　D. 安全员

209. 根据《混凝土结构工程施工质量验收规范》（GB 50204—2015）的规定，下列选项中不属于钢筋检验批质量合格规定的是（　　）。

A. 主控项目的质量经抽样检验合格　　　　　B. 一般项目的质量经抽样检验合格

C. 具有完整的施工操作依据和质量验收记录

D. 主控项目的质量经抽样检验合格率达到 90% 以上

210. （　　）要求不属于钢筋工程质量的保证项目。

A. 材料应有出厂证书和试验报告　　　　　　B. 钢筋的规格、尺寸、数量应符合设计要求

C. 钢筋的焊接接头必须符合焊接验收规范规定　D. 钢筋的搭接长度应小于规范规定的要求

211. 绑扎钢筋网的长、宽允许偏差值为（　　）。

A. ±5mm　　　　　　B. ±10mm　　　　　　C. ±15mm　　　　　　D. 以上都不是

212. 绑扎钢筋网眼尺寸允许偏差值为（　　）。

A. ±5mm　　　　　　B. ±10mm　　　　　　C. ±20mm　　　　　　D. 以上都不是

213. 绑扎钢筋骨架的宽、高允许偏差值为（　　）。

A. ±5mm　　　　　　B. ±10mm　　　　　　C. ±15mm　　　　　　D. 以上都不是

214. 绑扎钢筋骨架的长度允许偏差值为（　　）。

A. ±5mm　　　　　　B. ±10mm　　　　　　C. ±15mm　　　　　　D. 以上都不是

215. 柱、梁受力钢筋保护层厚度允许偏差值为（　　）。

A. ±5mm　　　　　　B. ±10mm　　　　　　C. ±15mm　　　　　　D. 以上都不是

216. 绑扎箍筋、横向钢筋间距允许偏差值为（　　）。

A. ±5mm　　　　　　B. ±10mm　　　　　　C. ±20mm　　　　　　D. 以上都不是

217. 绑扎、安装后的钢筋位置，对于板、墙的受力筋的保护层允许偏差为（　　）mm。

A. ±2　　　　　　　B. ±3　　　　　　　C. ±5　　　　　　　D. ±10

218. 钢筋弯曲成型时，全长允许偏差为（　　）mm。

A. ±5　　　　　　　B. ±10　　　　　　　C. ±15　　　　　　　D. ±20

219. 加工钢筋时，箍筋内净尺寸允许的偏差为（　　）mm。

A. ±2　　　　　　　B. ±3　　　　　　　C. ±5　　　　　　　D. ±10

220. 梁柱受力钢筋保护层的允许偏差值为 ±（　　）mm。

A. 10　　　　　　　B. 8　　　　　　　C. 5　　　　　　　D. 3

1.2 理论评价标准练习题库答案

1.2.1 职业道德部分

1.2.1.1 判断题

1	2	3	4	5	6	7	8	9	10	11	12	13	14	15
A	A	A	B	A	A	B	A	A	B	B	A	B	A	A

1.2.1.2 单项选择题

1	2	3	4	5	6	7	8	9	10	11	12	13	14	15
D	B	B	C	B	C	D	A	C	A	A	D	C	B	B

1.2.2 基础知识部分

1.2.2.1 判断题

1	2	3	4	5	6	7	8	9	10	11	12	13	14	15
B	B	B	B	B	B	B	A	B	A	B	B	B	B	B
16	17	18	19	20	21	22	23	24	25	26	27	28	29	30
B	A	B	B	B	B	B	A	A	A	B	A	A	B	A
31	32	33	34	35	36	37	38	39	40	41	42	43	44	45
A	B	A	A	A	B	A	A	A	A	B	B	B	B	B
46	47	48	49											
B	B	B	A											

1.2.2.2 单项选择题

1	2	3	4	5	6	7	8	9	10	11	12	13	14	15
A	B	C	A	C	B	D	C	A	B	C	D	A	C	C
16	17	18	19	20	21	22	23	24	25	26	27	28	29	30
A	A	B	A	C	C	D	A	C	A	C	A	C	D	B
31	32	33	34	35	36	37	38	39	40	41	42	43	44	45
B	D	D	C	B	C	A	C	C	B	B	D	A	B	C
46	47	48	49	50	51	52	53	54	55	56	57	58	59	60
B	C	C	C	C	D	A	C	D	B	B	C	A	D	A

61	62	63	64	65	66	67	68	69	70	71	72	73	74	75
B	C	B	C	D	B	D	A	A	B	C	D	A	A	B
76	77	78	79	80	81	82	83	84	85	86	87	88	89	90
C	B	A	B	B	C	A	A	D	B	A	B	C	D	C
91	92	93	94	95	96	97	98	99						
B	C	D	C	C	A	B	C	A						

1.2.3 专业知识部分

1.2.3.1 判断题

1	2	3	4	5	6	7	8	9	10	11	12	13	14	15
A	B	B	B	B	A	A	A	A	A	A	B	A	A	A
16	17	18	19	20	21	22	23	24	25	26	27	28	29	30
B	A	A	A	A	A	A	A	B	A	A	A	B	A	A
31	32	33	34	35	36	37	38	39	40	41	42	43	44	45
A	A	B	A	B	A	B	A	A	A	A	B	B	B	A
46	47	48	49	50	51	52	53	54	55	56	57	58	59	60
B	B	A	A	A	A	B	A	A	A	A	B	B	A	A
61	62	63	64	65	66	67	68	69	70	71	72	73	74	75
B	A	A	A	B	B	B	B	B	B	B	B	B	A	A
76	77	78	79	80	81	82	83	84	85	86	87	88	89	90
A	A	B	B	A	A	B	A	B	A	B	B	B	A	A
91	92	93	94	95	96	97	98	99	100	101	102	103	104	105
B	A	B	B	A	A	B	A	A	B	A	A	A	A	A
106	107	108	109	110	111	112	113	114	115	116	117	118	119	120
B	A	B	B	B	B	A	A	A	A	A	B	A	A	A
121	122	123	124	125	126	127	128	129	130	131	132	133	134	135
B	B	A	B	A	A	A	A	A	A	A	A	B	A	A
136	137	138	139	140	141	142	143	144	145	146	147	148	149	150
A	B	B	B	B	A	A	B	B	B	B	B	A	A	A
151	152	153	154	155	156	157	158	159	160	161	162	163	164	165
B	B	B	B	B	B	B	B	B	A	B	B	A	A	B
166	167	168	169	170	171	172	173	174	175	176	177	178	179	180
A	A	B	A	B	A	B	A	B	B	B	A	B	A	A
181	182	183	184											
B	B	B	A											

1.2.3.2 单项选择题

1	2	3	4	5	6	7	8	9	10	11	12	13	14	15
B	A	A	B	D	C	A	C	B	C	C	C	D	D	A
16	17	18	19	20	21	22	23	24	25	26	27	28	29	30
C	B	A	A	A	C	C	C	B	D	D	B	B	C	A
31	32	33	34	35	36	37	38	39	40	41	42	43	44	45
A	B	D	C	B	B	D	A	B	B	A	B	B	C	B
46	47	48	49	50	51	52	53	54	55	56	57	58	59	60
B	C	B	A	D	A	C	A	A	C	C	B	C	D	C
61	62	63	64	65	66	67	68	69	70	71	72	73	74	75
D	A	D	C	A	B	B	A	C	D	B	D	D	A	D
76	77	78	79	80	81	82	83	84	85	86	87	88	89	90
C	D	A	D	D	A	B	B	A	D	D	C	B	B	A
91	92	93	94	95	96	97	98	99	100	101	102	103	104	105
B	D	D	D	B	A	D	A	C	A	C	A	B	A	B
106	107	108	109	110	111	112	113	114	115	116	117	118	119	120
B	C	C	C	C	A	D	B	A	D	A	C	C	B	C
121	122	123	124	125	126	127	128	129	130	131	132	133	134	135
C	C	B	A	A	C	C	B	D	D	D	B	A	D	D
136	137	138	139	140	141	142	143	144	145	146	147	148	149	150
B	C	C	A	B	B	B	A	D	B	B	B	A	B	B
151	152	153	154	155	156	157	158	159	160	161	162	163	164	165
A	B	A	C	A	B	A	B	B	A	A	C	C	A	B
166	167	168	169	170	171	172	173	174	175	176	177	178	179	180
D	A	B	A	B	B	D	C	B	A	D	D	B	B	C
181	182	183	184	185	186	187	188	189	190	191	192	193	194	195
A	B	A	B	C	D	B	B	A	C	B	C	A	C	A
196	197	198	199	200	201	202	203	204	205	206	207	208	209	210
D	D	C	D	C	D	C	B	A	A	B	A	C	D	D
211	212	213	214	215	216	217	218	219	220					
B	C	A	B	A	C	B	B	C	C					

附录 2

个人职业规划制定模板

题目:《×××职业生涯规划》

姓名: _____ 规划年限: _____ 起止日期: _____ 年龄跨度: _____

职业志向: _____

例如:我内心最希望达成的愿望是什么?这个愿望达成以后可以给自己、家庭、行业、社会、世界带来什么?思考以后总结出一句话。如:努力工作,为建筑行业做贡献,实现人生价值,让世界更美好。

附表2-1为自我评估和外界评估表。

附表2-1 自我评估和外界评估表

类别	具体信息
职业价值观 (你最看重的是什么)	
职业兴趣 (喜欢干什么)	
性格特征 (适合做什么)	
职业能力 (能够做什么)	
家族环境	
学校环境	
行业环境	
社会环境	
小结	

职业目标：_____

附表 2-2 为个人职业规划实施表。

附表 2-2　个人职业规划实施表

计划类型	时间跨度	具体目标	存在差距	实施步骤
短期计划 （在校计划）	一年级			
	二年级			
	三年级			
中期计划 （毕业后五年）	毕业后两年			
	毕业后五年			
长期计划 （毕业后十年）	毕业十年			

附录 3

建筑职业从业相关法律、法规知识

1 《中华人民共和国建筑法》（摘录）

第三十六条 建筑工程安全生产管理必须坚持安全第一、预防为主的方针，建立健全安全生产的责任制度和群防群治制度。

第四十四条 建筑施工企业必须依法加强对建筑安全生产的管理，执行安全生产责任制度，采取有效措施，防止伤亡和其他安全生产事故的发生。

建筑施工企业的法定代表人对本企业的安全生产负责。

第四十六条 建筑施工企业应当建立健全劳动安全生产教育培训制度，加强对职工安全生产的教育培训；未经安全生产教育培训的人员，不得上岗作业。

第四十七条 建筑施工企业和作业人员在施工过程中，应当遵守有关安全生产的法律、法规和建筑行业安全规章、规程，不得违章指挥或者违章作业。作业人员有权对影响人身健康的作业程序和作业条件提出改进意见，有权获得安全生产所需的防护用品。作业人员对危及生命安全和人身健康的行为有权提出批评、检举和控告。

第四十八条 建筑施工企业应当依法为职工参加工伤保险，缴纳工伤保险费，鼓励企业为从事危险作业的职工办理意外伤害保险，支付保险费。

第五十一条 施工中发生事故时，建筑施工企业应当采取紧急措施减少人员伤亡和事故损失，并按照国家有关规定及时向有关部门报告。

2 《中华人民共和国劳动法》（摘录）

第三条 劳动者享有平等就业和选择职业的权利、取得劳动报酬的权利、休息休假的权利、获得劳动安全卫生保护的权利、接受职业技能培训的权利、享受社会保险和福利的权利、提请劳动争议处理的权利以及法律规定的其他劳动权利。劳动者应当完成劳动任务，提高职业技能，执行劳动安全卫生规程，遵守劳动纪律和职业道德。

第十五条 禁止用人单位招用未满十六周岁的未成年人。

第十六条 劳动合同是劳动者与用人单位确立劳动关系、明确双方权利和义务的协议。

建立劳动关系应当订立劳动合同。

第五十四条 用人单位必须为劳动者提供符合国家规定的劳动安全卫生条件和必要的劳动防护用品，对从事有职业危害作业的劳动者应当定期进行健康检查。

第五十五条 从事特种作业的劳动者必须经过专门培训并取得特种作业资格。

第五十六条 劳动者在劳动过程中必须严格遵守安全操作规程。劳动者对用人单位管理人员违章指挥、强令冒险作业，有权拒绝执行；对危害生命安全和身体健康的行为，有权提出批评、检举和控告。

第五十八条　国家对女职工和未成年工实行特殊劳动保护。

未成年工是指年满十六周岁、未满十八周岁的劳动者。

第六十八条　用人单位应当建立职业培训制度，按照国家规定提取和使用职业培训经费，根据本单位实际有计划地对劳动者进行职业培训。从事技术工种的劳动者，上岗前必须经过培训。

第七十二条　用人单位和劳动者必须依法参加社会保险，缴纳社会保险费。

第七十七条　用人单位与劳动者发生劳动争议，当事人可以依法申请调解仲裁、提起诉讼，也可协商解决。调解原则适用于仲裁和诉讼程序。

3 《中华人民共和国安全生产法》（摘录）

第六条　生产经营单位的从业人员有依法获得安全生产保障的权利，并应当依法履行安全生产方面的义务。

第二十条　生产经营单位应当具备本法和有关法律、行政法规和国家标准或者行业标准规定的安全生产条件；不具备安全生产条件的，不得从事生产经营活动。

第二十一条　生产经营单位的主要负责人对本单位安全生产工作负有下列职责：

（一）建立健全并落实本单位安全生产责任制，加强安全生产标准化建设；

（二）组织制定并实施本单位安全生产规章制度和操作规程；

（三）组织制定并实施本单位安全生产教育和培训计划；

（四）保证本单位安全生产投入的有效实施；

（五）组织建立并落实安全风险分级管控和隐患排查治理双重预防工作机制，督促、检查本单位的安全生产工作，及时消除生产安全事故隐患；

（六）组织制定并实施本单位的生产安全事故应急救援预案；

（七）及时、如实报告生产安全事故。

第二十八条　生产经营单位应当对从业人员进行安全生产教育和培训。保证从业人员具备必要的安全生产知识，熟悉有关的安全生产规章制度和安全操作规程，掌握本岗位的安全操作技能，了解事故应急处理措施。知悉自身在安全生产方面的权利和义务。未经安全生产教育和培训合格的从业人员，不得上岗作业。

生产经营单位接收中等职业学校、高等学校学生实习的，应当对实习学生进行相应的安全生产教育和培训，提供必要的劳动防护用品。学校应当协助生产经营单位对实习学生进行安全生产教育和培训。

第三十条　生产经营单位的特种作业人员必须按照国家有关规定经专门的安全作业培训，取得相应资格，方可上岗作业。

特种作业人员的范围由国务院应急管理部门会同国务院有关部门确定。

第四十四条　生产经营单位应当教育和督促从业人员严格执行本单位的安全生产规章制度和安全操作规程；并向从业人员如实告知作业场所和工作岗位存在的危险因素、防范措施以及事故应急措施。

第四十五条　生产经营单位必须为从业人员提供符合国家标准或者行业标准的劳动防护用品，并监督、教育从业人员按照使用规则佩戴、使用。

第四十七条　生产经营单位应当安排用于配备劳动防护用品、进行安全生产培训的经费。

第五十一条　生产经营单位必须依法参加工伤保险，为从业人员缴纳保险费。

国家鼓励生产经营单位投保安全生产责任保险。

第五十二条　生产经营单位与从业人员订立的劳动合同，应当载明有关保障从业人员劳动安全、防止职业危害的事项，以及依法为从业人员办理工伤保险的事项。

生产经营单位不得以任何形式与从业人员订立协议，免除或者减轻其对从业人员因生产安全事故伤亡依法应承担的责任。

第五十三条　生产经营单位的从业人员有权了解其作业场所和工作岗位存在的危险因素、防范措施及事故应急措施，有权对本单位的安全生产工作提出建议。

第五十四条　从业人员有权对本单位安全生产工作中存在的问题提出批评、检举、控告，有权拒绝违章指挥和强令冒险作业。

生产经营单位不得因从业人员对本单位安全生产工作提出批评、检举、控告或者拒绝违章指挥、强令冒险作业而降低其工资、福利等待遇，或者解除与其订立的劳动合同。

第五十五条　从业人员发现直接危及人身安全的紧急情况时，有权停止作业或者在采取可能的应急措施后撤离作业场所。

生产经营单位不得因从业人员在前款紧急情况下停止作业或者采取紧急撤离措施而降低其工资、福利等待遇或者解除与其订立的劳动合同。

第五十六条　生产经营单位发生生产安全事故后，应当及时采取措施救治有关人员。

因生产安全事故受到损害的从业人员，除依法享有工伤保险外，依照有关民事法律尚有获得赔偿的权利的，有权提出赔偿要求。

第五十七条　从业人员在作业过程中，应当严格遵守本单位的安全生产规章制度和操作规程，服从管理，正确佩戴和使用劳动防护用品。

第五十八条　从业人员应当接受安全生产教育和培训，掌握本职工作所需的安全生产知识，提高安全生产技能，增强事故预防和应急处理能力。

第五十九条　从业人员发现事故隐患或者其他不安全因素，应当立即向现场安全生产管理人员或者本单位负责人报告；接到报告的人员应当及时予以处理。

4　《建设工程安全生产管理条例》（摘录）

第十八条　施工起重机械和整体提升脚手架、模板等自升式架设设施的使用达到国家规定的检验、检测期限的，必须经具有专业资质的检验、检测机构检测。经检测不合格的，不得继续使用。

第二十五条　垂直运输机械作业人员、安装拆卸工、爆破作业人员、起重信号工、登高架设作业人员等特种作业人员，必须按照国家有关规定经过专门的安全作业培训，并取得特种作业操作资格证书后，方可上岗作业。

第二十七条　建设工程施工前，施工单位负责项目管理的技术人员应当对有关安全施工的技术要求向施工作业班组、作业人员做出详细说明，并由双方签字确认。

第二十八条　施工单位应当在施工现场入口处、施工起重机械、临时用电设施、脚手架、出入通道口、楼梯口、电梯井口、孔洞口、桥梁口、隧道口、基坑边沿、爆破物及有害危险气体和液体存放处等危险部位，设置明显的安全警示标志。安全标志必须符合国家标准。

第二十九条　施工单位应当将施工现场的办公、生活区与作业区分开设置，并保持安全距离；办公、生活区的选址应当符合安全性要求。职工的膳食、饮水、休息场所等应当符合卫生标准。施工单位不得在尚未竣工的建筑物内设置员工集体宿舍。

施工现场临时搭建的建筑物应当符合安全使用要求。施工现场使用的装配式活动房屋应当具有产品合格证。

第三十二条　施工单位应当向作业人员提供安全防护用具和安全防护服装，并书面告知危险岗位的操作规程和违章操作的危害。

作业人员有权对施工现场的作业条件、作业程序和作业方式中存在的安全问题提出批评、检举和控告，有权拒绝违章指挥和强令冒险作业。

在施工中发生危及人身安全的紧急情况时，作业人员有权立即停止作业或者在采取必要的应急措施后撤离危险区域。

第三十三条　作业人员应当遵守安全施工的强制性标准、规章制度和操作规程，正确使用安全防护用具、机械设备等。

第三十六条　施工单位应当对管理人员和作业人员每年至少进行一次安全生产教育培训，其教育培训情况记入个人工作档案。安全生产教育培训考核不合格的人员，不得上岗。

第三十七条　作业人员进入新的岗位或者新的施工现场前，应当接受安全生产教育培训。未经教育培训或者教育培训考核不合格的人员，不得上岗作业。

施工单位在采用新技术、新工艺、新设备、新材料时，应当对作业人员进行相应的安全生产教育培训。

第三十八条　施工单位应当为施工现场从事危险作业的人员办理意外伤害保险。

意外伤害保险费由施工单位支付。

5　《工伤保险条例》（摘录）

第二条　中华人民共和国境内的企业、事业单位、社会团体、民办非企业单位、基金会、律师事务所、会计师事务所等组织和有雇工的个体工商户（以下称用人单位）应当依照本条例规定参加工伤保险，为本单位全部职工或者雇工（以下称职工）缴纳工伤保险费。

中华人民共和国境内的企业、事业单位、社会团体、民办非企业单位、基金会、律师事务所、会计师事务所等组织的职工和个体工商户的雇工，均有依照本条例的规定享受工伤保险待遇的权利。

第十条　用人单位应当按时缴纳工伤保险费。职工个人不缴纳工伤保险费。

第二十一条　职工发生工伤，经治疗伤情相对稳定后存在残疾、影响劳动能力的，应当进行劳动能力鉴定。

第三十条　职工因工作遭受事故伤害或者患职业病进行治疗，享受工伤医疗待遇。

附录 **4**

职业技能等级考核指导

[摘自国家职业技能标准《钢筋工》（2019年版），职业编码: 6-29-01-04]

1 职业概况

1.1 职业名称

钢筋工。

1.2 职业编码

6-29-01-04。

1.3 职业定义

使用工具、机具，进行钢筋加工、骨架预制和钢筋安装的人员。

1.4 职业技能等级

本职业共设五个等级，分别为：五级/初级工、四级/中级工、三级/高级工、二级/技师、一级/高级技师。

1.5 职业环境条件

室内外，常温，高处，地下。

1.6 职业能力特征

具有一般智力，有一定的表达能力、计算能力和空间感，手指、手臂灵活，动作协调。

1.7 普通受教育程度

初中毕业（或相当文化程度）。

1.8 职业技能鉴定要求

（1）申报条件

具备以下条件之一者，可申报五级/初级工。

① 累计从事本职业或相关职业工作1年（含）以上。

② 本职业或相关职业学徒期满。

具备以下条件之一者，可申报四级/中级工。

① 取得本职业或相关职业五级/初级工职业资格证书（技能等级证书）后，累计从事本职业或相关职业工作4年（含）以上。

② 累计从事本职业或相关职业工作6年（含）以上。

③ 取得技工学校本专业或相关专业毕业证书的（含尚未取得毕业证书的在校应届毕业生）；或取

得经评估论证、以中级技能为培养目标的中等及以上职业学校本专业或相关专业毕业证书的（含尚未取得毕业证书的在校应届毕业生）。

（2）钢筋工鉴定方式

鉴定方式分为理论知识考试、技能考核以及综合评审。理论知识考试以笔试、机考等方式为主，主要考核从业人员从事本职业应掌握的基本要求和相关知识要求；技能考核主要采用现场操作、模拟操作等方式进行，主要考核从业人员从事本职业应具备的技能水平；综合评审主要针对二级/技师和一级/高级技师，通常采取审阅申报材料、答辩等方式进行全面评议和审查。

理论知识考试、技能考核和综合评审均实行百分制，成绩皆达60分（含）以上者为合格。职业标准中标注"★"的为涉及安全生产或操作的关键技能，如考生在技能考核中违反操作规程或未达到该技能要求，则技能考核成绩为不合格。

（3）鉴定时间

理论知识考试时间不少于90min；技能考核时间不少于180min；综合评审时间不少于60min。

2 工作要求

国家职业技能标准《钢筋工》（2019年版）摘选对五级/初级工、四级/中级工、三级/高级工、二级/技师、一级/高级技师的技能要求和相关知识要求依次递进，高级别涵盖低级别的要求。

2.1 五级/初级工相关工作要求

附表4-1为五级/初级工相关工作要求。

附表 4-1　五级/初级工相关工作要求

职业功能	工作内容	技能要求	相关知识要求
1 施工准备	1.1 准备作业现场	1.1.1 能正确佩戴个人安全防护用具，能正确使用安全操作平台和小型机械设备 1.1.2 能按照施工作业条件要求清理和准备作业场地 1.1.3 能识读质量、安全技术交底 1.1.4 能对触电、中暑等进行简单的基本医疗救护 1.1.5 能正确使用现场消防器材	（1）钢筋工安全技术操作规程 （2）职业健康、安全生产、文明施工要求 （3）现场作业条件及要求 （4）施工现场常见安全事故医疗救护基本知识 （5）施工现场消防安全相关知识
	1.2 准备材料机具	1.2.1 能按配料单搬运、选用和检查钢筋主辅料并进行分类标识 1.2.2 能选用、清理、摆放和检查钢筋加工机具 1.2.3 能码放、搬运成型骨架	（1）钢筋主辅料相关知识 （2）领料、备料相关程序 （3）材料的运输、装卸、码放、标识相关知识 （4）常用简单钢筋加工、成型机具安装、操作方法及安全规程 （5）成型钢筋、骨架码放、搬运、保护知识
2 钢筋作业	2.1 钢筋加工	2.1.1 能进行钢筋外观缺陷检查 2.1.2 能进行钢筋清污、除锈、调直等操作 2.1.3 能使用钢筋加工机具按配料单下料 2.1.4 能使用钢筋成型机具进行钢筋加工、骨架成型	（1）钢筋外观质量检查知识 （2）度量工具使用及钢筋量度方法 （3）钢筋加工、骨架成型一般知识
	2.2 钢筋连接	2.2.1 能进行钢筋定位和临时固定 2.2.2 能进行钢筋搭接连接操作	（1）钢筋保护层、绑扎、定位基本常识 （2）钢筋搭接连接知识

2.2 四级/中级工相关工作要求

附表 4-2 为四级/中级工相关工作要求。

附表 4-2　四级/中级工相关工作要求

职业功能	工作内容	技能要求	相关知识要求
1 施工准备	1.1 准备材料、机具	1.1.1 能进行钢筋进场验收	（1）钢筋进场验收 （2）钢筋进场取样 （3）检测报告识读
		1.1.2 能选用预应力施工所使用的锚具、夹具及张拉设备	选用预应力施工机具
		1.1.3 能选用钢筋机械连接机具	选用钢筋机械连接机具
		1.1.4 能进行钢筋加工机具日常维护	（1）维护钢筋切断机 （2）维护钢筋弯曲机 （3）维护钢筋机械连接机具 （4）维护预应力施工机具
	1.2 识读图纸方案	1.2.1 能识读框架、剪力墙、混合结构等结构施工图	（1）识读框架结构施工图 （2）识读剪力墙结构施工图 （3）识读混合结构施工图
		1.2.2 能识读预制构件配筋图	（1）识读预制构件基础知识 （2）识读预制梁、柱、墙、板、楼梯等预制构件配筋图
		1.2.3 能识读钢筋工程施工方案	识读钢筋工程施工方案
		1.2.4 能对简支梁、板、构造柱等简单构件进行布筋放线	（1）简支梁的布筋放线 （2）板的布筋放线 （3）构造柱的布筋放线
	1.3 编制配料单	1.3.1 能对框架、剪力墙、混合结构等常规结构构件进行钢筋翻样并编制配料单	（1）进行框架结构构件钢筋翻样并编制配料单 （2）进行剪力墙结构构件钢筋翻样并编制配料单 （3）进行混合结构构件钢筋翻样并编制配料单
		1.3.2 能对普通楼梯、吊车梁等一般构件进行钢筋翻样并编制配料单	（1）进行普通楼梯钢筋翻样并编制配料单 （2）进行吊车梁钢筋翻样并编制配料单
2 钢筋作业	2.1 钢筋加工	2.1.1 能使用数控加工钢筋设备进行钢筋加工、成型	（1）数控加工设备操作 （2）使用数控加工设备进行钢筋加工或成型
		2.1.2 能进行预应力筋下料和辅料加工	（1）预应力筋下料 （2）预应力筋辅料加工
	2.2 钢筋连接	2.2.1 能进行锥螺纹、直螺纹、套筒挤压接头接连	（1）锥螺纹接头连接 （2）直螺纹接头连接 （3）套筒挤压接头连接
		2.2.2 能进行常规预制构件的钢筋连接拼装	（1）预制梁构件钢筋连接拼装 （2）预制柱构件钢筋连接拼装 （3）预制墙构件钢筋连接拼装 （4）预制板构件钢筋连接拼装
	2.3 钢筋安装	2.3.1 能进行弧形、弯折、变截面等较复杂部位钢筋安装	（1）弧形梁钢筋安装 （2）弯折钢筋安装 （3）变截面部位钢筋安装
		2.3.2 能进行滑模等特殊施工工艺钢筋安装	滑模施工工艺钢筋安装

职业功能	工作内容	技能要求	相关知识要求
2 钢筋作业	2.3 钢筋安装	2.3.3 能进行预应力筋及附件的安装和连接	(1) 先张法施工预应力筋及附件的安装和连接 (2) 后张法施工预应力筋及附件的安装和连接 (3) 无黏结后张法施工预应力筋及附件的安装和连接
		2.3.4 能进行预应力筋张拉、锚固、放张等施工操作	(1) 先张法施工预应力筋及附件的张拉、锚固、放张操作 (2) 后张法施工预应力筋及附件的张拉、锚固、放张操作 (3) 无黏结后张法施工预应力筋及附件的张拉、锚固、放张操作
		2.3.5 能进行箱型基础、箱梁等结构钢筋安装	(1) 箱型基础钢筋安装 (2) 箱梁钢筋安装
3 施工检查	3.1 质量检查	3.1.1 能检查钢筋网片、骨架及常规连接节点施工质量	(1) 钢筋网片施工质量检查 (2) 钢筋骨架施工质量检查 (3) 常规钢筋连接节点施工质量检查
		3.1.2 能检查预应力筋位置并采取控制措施	(1) 预应力筋位置检查 (2) 预应力筋位置控制
		3.1.3 能进行预应力筋的自检	预应力筋自检
		3.1.4 能进行钢筋安装质量互检	钢筋安装质量互检
		3.1.5 能防治钢筋施工质量缺陷	钢筋施工质量缺陷防治
	3.2 填写记录	3.2.1 能填写自检、互检、专检记录	(1) 填写自检记录表 (2) 填写互检记录表 (3) 填写专检记录表
		3.2.2 能填写钢筋工程技术资料	(1) 填写钢筋工程技术资料 (2) 整理钢筋工程技术资料

3 权重表

3.1 理论知识权重表

附表 4-3 为理论知识权重表。

附表 4-3　理论知识权重表

权重/% 项目	技能等级	五级/初级工	四级/中级工	三级/高级工	二级/技师	一级/高级技师
基本要求	职业道德	5	5	5	5	5
	基础知识	25	20	15	15	10
相关知识要求	施工准备	30	30	30	—	—
	钢筋作业	30	30	30	—	—
	施工检查	10	15	10	—	—
	指导施工	—	—	10	20	25
	施工管理	—	—	—	30	30
	培训创新	—	—	—	30	30
合计		100	100	100	100	100

3.2 技能要求权重表

附表 4-4 为技能要求权重表。

附表 4-4 技能要求权重表

权重 /% 项目 / 技能等级		五级 / 初级工	四级 / 中级工	三级 / 高级工	二级 / 技师	一级 / 高级技师
技能要求	施工准备	40	35	30	—	—
	钢筋作业	40	35	30	—	—
	施工检查	20	30	20	—	—
	指导施工	—	—	20	40	40
	施工管理	—	—	—	40	30
	培训创新	—	—	—	20	30
合计		100	100	100	100	100

参 考 文 献

[1] 任庆凤. 职业道德与职业能力 [M]. 北京：机械工业出版社，2019.

[2] 中国工程建设标化协会建筑施工专业委员会. 钢筋工 [M]. 北京：中国建材工业出版社，2018.

[3] 建筑工程施工质量验收统一标准（GB 50300—2013）[S]. 北京：中国建筑工业出版社，2014.

[4] 混凝土结构设计规范（GB 50010—2021）[S]. 北京：中国建筑工业出版社，2014.

[5] 混凝土结构工程施工规范（GB 50666—2011）[S]. 北京：中国建筑工业出版社，2012.

[6] 混凝土结构工程施工质量验收规范（GB 50204—2015）[S]. 北京：中国建筑工业出版社，2015.

[7] 钢筋焊接及验收规程（JGJ 18—2012）[S]. 北京：中国建筑工业出版社，2012.

[8] 陈杭旭，彭根堂. 建筑施工技术 [M]. 北京：中国电力出版社，2016.

[9] 姚谨英. 建筑施工技术 [M]. 7版. 北京：中国建筑工业出版社，2022.

[10] 中国建筑标准设计研究院. 平面整体表示方法制图规则和构造详图（22G101-1）[M]. 北京：中国标准出版社，2022.

[11] 中国建筑标准设计研究院. 混凝土结构施工钢筋排布规则与构造详图（18G901-1）[M]. 北京：中国计划出版社，2018.

[12] 钢筋工国家职业技能标准（2019年版）[M]. 北京：中华人民共和国人力资源和社会保障部，2019.

[13] 中华人民共和国人力资源和社会保障部职业能力建设司. 钢筋工（试行）——国家基本职业培训包（指南包 课程包）[M]. 北京：中国劳动社会保障出版社，2019.